城市地下空间规划

URBAN UNDERGROUND SPACE PLAN

何 晖 杨大伟 杜 斌 主编

中国建材工业出版社

图书在版编目（CIP）数据

城市地下空间规划/何晖，杨大伟，杜斌主编．--
北京：中国建材工业出版社，2023.8
ISBN 978-7-5160-3710-2

Ⅰ．①城… Ⅱ．①何… ②杨… ③杜… Ⅲ．①地下建
筑物－城市规划－高等学校－教材 Ⅳ．①TU984.11

中国国家版本馆 CIP 数据核字（2023）第 010127 号

内容简介

本书介绍了地下空间的历史和理论，重点阐述了地下空间规划的理论、规划原理、规划方法等基础性理论；并通过对地下空间规划的开发评估、规划勘察来说明地下空间规划前的准备工作；最后通过地下空间总体规划、详细规划、城市设计、建筑设计、规划管理，陈述了地下空间规划的基本流程和方法。

本书理论与实践并重，引导学生掌握基础的规划理论，并注重培养学生解决实际工程问题的能力。本书可作为城市地下空间工程、城乡规划、建筑学、城市设计、城市管理专业本科生的教材，也可作为相关专业研究生和从事地下工程规划、设计与管理人员的参考书。

城市地下空间规划

CHENGSHI DIXIA KONGJIAN GUIHUA

何 晖 杨大伟 杜 斌 主编

出版发行：中国建材工业出版社
地　　址：北京市海淀区三里河路 11 号
邮　　编：100831
经　　销：全国各地新华书店
印　　刷：北京印刷集团有限责任公司
开　　本：787mm×1092mm　1/16
印　　张：11.5
字　　数：260 千字
版　　次：2023 年 8 月第 1 版
印　　次：2023 年 8 月第 1 次
定　　价：**42.00 元**

前言

中国的城市经历改革开放 40 余年的迅猛发展，常住人口城市化率由 1980 年的 19.39％增长到 2022 年的 65.22％，形成了以京津冀、长三角、珠三角、成渝、关中平原等都市圈为核心的城镇发展体系。城市的建设突飞猛进，摩天大楼、公共服务设施、基础设施、市政设施等如雨后春笋般拔地而起。

然而，在迅猛发展的背后，我们应该清晰地看到，中国的城市化发展进程正在面临用地紧张、扩展乏力、带动力弱等一系列的问题。特别是党的十八大之后，对于生态保护和永久基本农田的要求，也迫使城市的工作者们开始重新思考一个问题，即中国的城市化发展到底应该走向何方？

根据学者们的研究成果可以看出，外延型、粗放型、低效型的城市发展模式无法适应高质量、可持续的发展路径。而内涵型、精细型、高效型的模式，是未来一段时间城市发展的必由之路。作为城市高效发展的典型代表，地下空间的规划、建设、管理等活动将成为中国城市管理、工程建造、规划设计等行业需要面对的重大课题。

本书介绍了地下空间的历史和理论，重点阐述了地下空间规划的理论、规划原理、规划方法等基础性理论；并通过对地下空间规划的开发评估、规划勘察来说明地下空间规划前的准备工作；最后通过地下空间总体规划、详细规划、城市设计、建筑设计、规划管理，陈述了地下空间规划的基本流程和方法。

本书理论与实践并重，引导学生掌握基础的规划理论，并注重培养学生解决实际工程问题的能力。本书可作为城市地下空间工程、城乡规划、建筑学、城市设计、城市管理专业本科生的教材，也可作为相关专业研究生和从事地下工程规划、设计与管理人员的参考书。

本书的编写人员都具有长期的一线教学经验，其中参与编写的有何晖（第 1、2章）、杨大伟（第 3～6、8～10 章）、杜斌（第 7、11、12 章）。本书由杨大伟负责统稿，何晖审定。

本书的出版受到西安工业大学教务处本科生规划教材项目的资助，在此表示衷心的感谢。

编　者
2023 年 6 月

目
录

1 地下空间的历史

自从有了人类开始，人们就积极而充分地利用地下空间，如半坡遗址的半地下居住建筑、中国古代帝王的墓葬等，都是对地下空间的利用和开发。可以说，人类对地下空间的利用与开发应用广泛、历史悠久。从居住、墓葬、宗教、仓储、生产、防灾、市政管线到商业、文教娱乐及交通，无不与人类的生活、生产等活动密切相关。

1.1 地下居住建筑

人类居住建筑经历了先地下后地面的过程，地下空间的最早应用可追溯到远古的穴居时代，见图 1-1。人类之所以最先选择穴居，主要影响因素是气候、建筑材料、地形及抵御外敌入侵。地下空间冬暖夏凉，适宜居住；直接掘于土或岩层，无须搬运砌筑，建材天成，而且相对坚固稳定；依岸靠坡，地质地形利于地下空间的挖掘建造，能满足抵御外来侵害的要求。

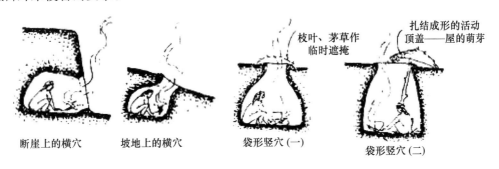

断崖上的横穴　　坡地上的横穴　　袋形竖穴（一）　　袋形竖穴（二）

图 1-1　人类早期的穴居

《易·系辞下》记载："上古穴居而野处。"《礼记·礼运》谓："昔者先王未有宫室，冬则居营窟，夏则居橧巢。"意思是说，原始人类栖息于天然洞穴内，以遮蔽风雨、防御猛兽和敌人。世界上许多国家和地区很早以前就开始利用地下空间，见图 1-2、图 1-3。

研究表明，人类脱离天然岩洞，掘土穴居，形成相对固定的地下半地下居住点，始于距今约 6000 年的新石器时代。伴随着人类第一次劳动大分工，农业从渔牧业中分离出来，出现了以农业为主的乡村和以手工业、商业为主的城市，其要求居住地相对固定和集中，此时天然岩洞已不能满足需求。掘土穴居是人类对地下空间开发利用的最早形式，迄今为止，人类考古发现了世界上三个地区存在着较集中的地下住宅和村庄。

图 1-2　陕北的窑洞

图 1-3　渭北平原陕西地坑院

（1）中国中部、西北部的黄土高原地区

覆盖中国中部、西北部大部分地区的黄土土质疏松，易于挖掘，可以方便地用手挖出 2～3m 宽、5～10m 长的房间。宋代郑刚中的《西征道里记》描述，北宋末年陕西境内有长达数里、曲折复杂的窑洞。窑洞具有土壤含水不多、湿度不大、冬暖夏凉、施工便利、无运输材料之劳等优越性，使得中国至今仍有数千万人生活在窑洞里。其中，以陕西延安、铜川等地的窑洞最为典型。

（2）土耳其中部的卡帕多西亚火山凝灰岩地区

在近 4000 年内，那里出现了四十多个地下村庄。这里地处土耳其的高原地区，气候极为恶劣，夏季炎热、冬季寒冷，全年干燥，火山凝灰岩圆锥形的地势完全不能耕作，在岩石里开凿了居住建筑、学校、教堂和城镇，这些建筑在公元 10 至 11 世纪拜占庭时期达到了鼎盛阶段。其中，德林库尤地下城镇深达地下 18～20 层，深度为 70～90m，长达数千米，1200 多个房间，建于火山岩中，具有完整的地下通风、供水和街道系统。此外，地下空间还包括了畜栏、粮囤、酒窖等各种设施，地下通道设置了大圆板封隔系统，当敌人入侵时，这些城镇可以作为临时避难所，如图 1-4 所示。

图 1-4　卡帕多西亚的地下城

（3）突尼斯南部撒哈拉沙漠地区

马特玛塔高原约有二十几个地下村庄，这些村落深建于地下。一般房屋设计都有一个深井，房屋布置在深井周围的不同高度上，用作居住与储藏，进出要通过楼梯或地道，地道壁挖有动物窝穴。地下房屋主要为地坑式和崖洞式，这些居住群按居民的亲属关系组合。房间为矩形，交角呈弧形，天棚为曲面，房间尺寸常为 2m×2.5m。偶尔在中间留有柱子支撑天棚，与天井相连的房间有稍低的门槛，如图 1-5 所示。

图 1-5　撒哈拉沙漠地下村

除以上区域外，中国新疆吐鲁番地区因气候干燥炎热，夏季高温时间长，冬季寒冷，地下、半地下室的居住形式在汉唐时期盛行。如吐鲁番地区著名的高昌故城遗址中就有大量的下穴上居或半地下室的做法，如图 1-6 所示。

图 1-6　高昌故城遗址

在澳大利亚，一些内陆矿业城市将大量的居住建筑置于地下以躲避炎热的气候。北美洲的印第安人很早就把半地下建筑作为居住场所，西南区印第安人用一种称之为

"kivas"的圆形地下房间作为男人们举行宗教仪式的场所或住宅，如图1-7所示。

图1-7 印第安人 kivas 住宅

由于经济的发展和人们的需求，美国在20世纪30年代建设了很多的地下及半地下住宅，最经典的案例可以在建筑大师赖特20世纪30年代的一些作品中得到体现，如著名的流水别墅（图1-8）。虽然流水别墅经历了很多的建造磨难以及业主的投诉，但它无疑是美国建筑史上的杰作。20世纪60年代全球冷战促进了地下建筑的发展。随着20世纪70年代能源危机的出现，美国政府注意到地下建筑在这方面的优越性，地下居住建筑得到飞速发展。进入20世纪80年代，公众对节约能源的兴趣降低，建造地下建筑的兴趣也随之降低。20世纪90年代，对环境的关注及可持续发展理论的提出，覆土或半覆土的地下建筑又重新引起建筑师的重视。

图1-8 赖特大师作品——流水别墅

1.2 地下墓葬与宗教

墓葬与宗教是地下空间开发与应用的另一原动力。土葬很早以前就流行于世界各地，从英国的古冢、埃及的金字塔到中国的帝王陵墓，尤以中国的帝王陵墓为代表。最初地下空间主要安置棺椁的墓室、木椁室，随着建筑技术的发展，出现了砖石结构墓室。发展到后来，成为规模宏大、结构严密的地下宫殿，如秦始皇陵、唐乾陵、唐昭陵、明定陵、明孝陵及清东陵、清西陵等。古埃及、古希腊、古罗马与中国的文明大量地凸显了地下宗教遗址和地下陵墓文明。地下未经装饰的空间寂静、黑暗与神秘，给人一种与世隔绝的心理暗示、一个思索与灵魂净化的机会。在罗马，则挖掘出大量纵横交错的地下陵墓。公元9世纪，土耳其建造了许多地下居住建筑。如图1-9～图1-12所示。

图1-9　埃及胡夫金字塔

图1-10　秦始皇陵兵马俑

图1-11　唐乾陵外景

图1-12　明定陵地宫

　　佛教在印度和东亚兴起，使大量的挖掘和凿石而建的寺庙出现，那些洞室有大量有关佛教的雕刻和绘画。典型遗址如中国四大名窟的龙门石窟、敦煌莫高窟、麦积山石窟及云冈石窟。此外，近代澳大利亚的库伯佩迪教堂、芬兰赫尔辛基教堂均修建于地下。波兰和哥伦比亚等地还有一些由地下矿洞改造而成的地下教堂。如图1-13～图1-18所示。

　　日本建筑师安藤忠雄热衷于设计地下、半地下的宗教建筑，其设计的建筑大佛、水之教堂等建筑物，结合了地形和宗教的神圣与美。面对自然，安藤忠雄的作品表现出了一贯的风格和鲜明的个性——严格的几何构成、纯净的建筑材料和丰富的空间穿插。他所展现出来的建筑语汇与自然形成了强烈的对比，以极简主义来实现自然与建筑的和谐，如图1-19、图1-20所示。

图 1-13　龙门石窟

图 1-14　敦煌莫高窟

图 1-15　天水麦积山石窟

图 1-16　云冈石窟

图 1-17　澳大利亚库伯佩迪教堂

图 1-18　芬兰赫尔辛基教堂

图 1-19　建筑大佛

图 1-20　水之教堂

1.3　地下仓储与工业

　　地下空间在储藏方面发挥着巨大的作用。仓储有着与人类地下居住建筑同样悠久的历史。地下环境温湿度适宜，避光，有利于粮食、水果、蔬菜及酒类的保存。研究表明，谷物储存在地下可获得一个相对封闭的环境，随着谷物的呼吸作用，氧气和二氧化碳含量会发生变化，从而抑制菌类及昆虫的生长，维持一种自然平衡状态。

　　我国洛阳发现的隋唐时期的谷物坑，共有 287 个谷物储存筐，散布在深 7~11.8m、直径 8~18m 的范围内，部分谷物保存完好。北非的一些国家如摩洛哥、苏丹等还普遍使用传统的地下储存建筑——一个圆柱形的罐状体，大约深 2m，里面装满了谷物，然后密封起来。西红柿、香蕉和其他不同种类的蔬菜水果也宜于储存在地下。酒窖是地下空间的传统用途，地下储存陈年酒的习惯一直延续至今。

　　地下空间的另一个用途是石油和天然气的储存。许多大型的油气储存设施建造于地下，主要是因为地下设施可减少冷藏费，建造成本相对低，安全性高，对环境的潜在威胁较低，且能避免地面压力罐对视觉美观的影响，特别是在城区。20 世纪 70 年代中期，美国曾在地下储存了 1500 万桶石油和将近 1.56 亿 m^3 的天然气。地下储油系统通常意义上是一种埋地的储油罐，斯堪的纳维亚人发展水下岩洞储存石油，这样的成本更低。

　　除此以外，由于地下空间独特的环境条件及隐秘性，它还是国家机密和珍稀财产的储存地。例如：美国摩门教的记录曾保存在盐湖城附近的一个地下空间里；另外，许多大公司的高等档案储存在密苏里州堪萨斯城附近开采的石灰矿洞及马萨诸塞州波士顿附近一些废弃的矿井里。第二次世界大战中，英国的国家财产曾从伦敦疏散到西部一系列大型矿井里，挪威的国家档案馆就位于一座岩洞的防震建筑里。

　　地下空间也是人类生产的重要场所。将众多的工业设施建于地下，在战争年代是非常普遍的，主要原因有对战争（空袭、核战）防护的需求及利用地下空间的环境特性。地下空间具有很好的隐蔽性和保护性，为一些安全级别高的重要产品制造提供了条件。20 世纪初空袭摧毁一座城市的工业设施变得十分容易。第二次世界大战期间，许多工业设施都被转移到地下以避空袭。在第二次世界大战中的著名战役——不列颠之战中，英国伦敦一系列地下设施都改为秘密工厂。1944 年 2 月，德国为了分散飞机制造业，计划在地下建设 900 万 m² 的厂房，地下设施壳体结构跨度达到 200m。

第二次世界大战中，日本也建造了超过 2.8 万 m² 的地下工业建筑作为飞机生产厂房，同一时期美国第一次把矿井作为工业仓库。第二次世界大战结束后，瑞典陆续建造了许多新的地下工厂，并且考虑了持续工作所需的条件。除了防护、防灾作用外，发展地下工业建筑还有其他潜在的优势，具有很好的环境调节性。这些特性包括稳定的热环境、较之地表的低震动、密闭的通风系数和低渗透水平，更容易创造清洁的环境。岩洞建筑的高承载力，可以提高重要工厂的保密性。尽管满足这些要求的环境在地面上也可以做到，但要比普通的地面工业设施昂贵得多。对于同样的要求，如果地点合适，地下建筑只需增加很少费用，一般只要负担最初的费用。特别是利用已有地下空间时更是如此。从美学上看，将工业建筑全部或部分建造于地下，降低地面部分的高度，可降低人们的心理恐慌，减轻心理压力，如图 1-21 所示。

图 1-21　日本地下工业示意图

地下工业生产的另一个重要方面是矿产资源的开发利用。据有关考古发现，人类采矿活动至今已有 4000 年的历史。最早的采矿遗址是南非斯威士兰的一个赤铁矿矿洞，原始人开采赤铁矿用作图腾颜料，匈牙利也发现了原始人开采燧石用于制作武器和工具的矿场。位于中国湖北大冶的铜绿山古铜矿遗址是迄今为止世界上开采时间跨度最长的地下矿山。采矿活动始于距今 3000 多年的殷商时期。

1.4　安全防御与市政

地下空间可用作军事用途。安全防御在很早以前就和地下空间的利用紧密联系在一起，许多防御系统都包括地道。其中，最复杂、最坚固的当属法国的马奇诺防线。此外，在中国，许多地区也广泛利用地道来抗击敌人。原子时代对防御及最初进攻的报复性打击能力提出了新的要求，躲避爆炸和防止放射性坠尘的庇护所在世界各地都有所发展。美国从 20 世纪 50 年代起就开始注重可以躲避射线伤害的城防设施建设。最典型的美国科罗拉多州斯普林北美防空司令部，于 1965 年修建，建造于夏延山脉花岗岩中，拥有 11 座建筑，总面积为 1.86 万 m² （图 1-22）。中国从 20 世纪 60 年代起也发展了许多这样的人民防空（简称"人防"）设施，如图 1-23 所示。

图 1-22　北美防空司令部入口　　　　图 1-23　中国人防工事出入口

随着人类居住地的集中，市政管线在城市雏形时期就开始出现了。大约在 4000 年前，古巴比伦在幼发拉底河底建造了输水隧道；公元前 4000 年，以色列耶路撒冷和美吉多也出现了供水隧道；罗马帝国时代，罗马建设了井水供应系统和污水排放系统；中世纪，法国巴黎建立了一套处理污水系统（图 1-24）。地下空间也同样运用在水利灌溉上，波斯帝国在地层深处建造了非常好的运水系统。古代中国，在新疆地区也有重要的地下输水系统，它被称为坎儿井（图 1-25）。19 世纪开始，市政公用设施在世界各地迅速发展，给排水系统之后是电力系统、电话系统、区域供暖系统及大规模运输系统等，直到现在，被称作共同沟或综合管廊的市政设施隧道已经出现，它将市政管网系统集中布置在同一沟道内，大大提高了公用设施的适应性、便利性和高度集中的效益性。

 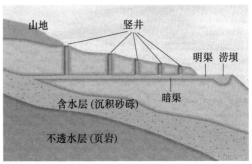

图 1-24　建造中的巴黎下水道　　　　图 1-25　坎儿井结构示意图

1.5　地下商业与娱乐

商业的应用在城市地下空间利用发展史上出现得比较晚，但也是发展较快的一种应用方式。城市地下商业空间发展成就较高的是日本的地下商业街和美国、加拿大的地下城。在加拿大多伦多和蒙特利尔，现代地下系统四通八达，联系着地下步行系统、商业系统，人们不用跑到户外就可以到达城市的大部分地区。

20 世纪末 21 世纪初，多伦多开始建造地下步行系统。最初，加拿大 T-Eaton 百货公司想把几栋建筑用地下通道联系起来，到 1917 年，建成了 5 条地下通道。1929 年又将联合车站和皇家约克旅馆联系起来，不久又得到持续发展。到 1954 年，一条城市的地铁环行线建成，它提供了一个发展更加连续和集中的地下系统的机会。1956 年，在建造中心铁路客运站时又开发了玛利亚广场。

蒙特利尔玛利亚地下商业街可以称得上世界最大的地下城区，由地下铁路系统连接，可一次性容纳 50 万人。玛利亚城是一个多层次地下运输系统和步行交通中心，分布有餐馆、商店，以及数英里长的步行道和地铁网。这个地下中心，连接 6 个地铁站、9000 个停车场、8 座摩天楼、3 座百货大楼、2 个铁路车站、4 座豪华旅馆、8 个剧院、40 个一流餐馆，以及数十家商店，如图 1-26 所示。

美国纽约州洛克菲勒中心共建有 11 幢高层建筑，为了将中心内部有机联系起来，最早采用了地下交通及地下商业街，通过地下人行系统形成一个可在地下进行城市活动的综合空间。同时，为寻求一个由建筑群及其环境组成的开敞、富有魅力并有纪念意义的空间，将 7 幢高层建筑、1 座文艺演出建筑、1 幢博物馆围绕 1 个下沉广场，有机组合在一起，实现了地下空间的开发换取地面空间的开敞。

日本在发展地下商业中心方面历史悠久，1927 年在东京开始建造世界上第一条地下商业街。截至 1994 年，在日本，全国 20 座城市中共修建了 79 处地下商业街，总面积达 92.27 万 m^2，其中，东京八董洲地下商业街面积达 6.8 万 m^2。据不完全统计，日本每天有接近 10% 的人进出地下商业街，如图 1-27 所示。

图 1-26　蒙特利尔玛利亚地下商业街

图 1-27　日本东京地下商业街

天然岩洞因其壮丽、神秘而吸引着人们，当它们对公众开放后便成为人们探险、旅游向往的地方。现在，岩洞探险在很多地方成为了一项大众娱乐活动。天然岩洞的吸引力也刺激了欧洲大量人工洞穴住宅的发展。19 世纪早期，许多乡间别墅都建造在园林中的洞穴和隧道里，这样的设计给人们带来一种恐怖的浪漫，也成为一些追求新奇、刺激和神秘的人的社交聚集场所，那时社交圈常常举办带有哥特精神的放纵狂欢式聚会。在中国，20 世纪 60～70 年代挖掘的大量人防工程，许多已经转变为商业和娱乐设施，如咖啡馆、舞厅、儿童游乐设施等。另外，礼堂、音乐厅也建于地下。中国的相关工程如图 1-28、图 1-29 所示。

图 1-28　西安市钟鼓楼广场　　　　　图 1-29　上海世茂深坑酒店

　　地下遗址保护性博物馆通常建造于地下，这样可以保证文物所处的环境相对稳定，有利于保存。在许多纪念性建筑中，为追求特定的环境氛围，都将主体建筑设置于地下或半地下。最著名的就是美国越战纪念碑，几乎完全位于地下。

　　法国巴黎卢浮宫经过几百年使用和发展已不能满足功能需求而进行扩建。在既无可大规模扩充的建设用地，又要保持卢浮宫古典主义建筑的传统风貌，无法增建和改建的情况下，充分利用宫殿建筑围合的拿破仑广场，在广场的地下空间容纳了全部扩建内容——一个只在地上露出金字塔形采光井的地下宫。它既没有采用法兰西传统建筑模式，也没有与卢浮宫试比高下，成功地对古典主义进行了现代化改造，扩建部分与原有建筑尺度比例协调。

　　整个地下空间深 14m，地下三层，面积超过 73 万 m^2，包括入口大厅、剧场、餐厅、商场、文物仓库及可停放 600 辆小汽车、80 辆大巴的地下停车场，展厅面积扩大了 80%，每年接待的参观者从 300 万人增加到 500 万人。贝聿铭先生的卢浮宫改造项目，一直受到建筑学家、历史学家的争议和讨论，但是从功能和实用角度出发，这个设计无疑是所有设计中最合适的，如图 1-30 所示。

图 1-30　法国巴黎卢浮宫

1.6 交通运输设施

城市地下空间对立体化交通运输系统的发展完善十分重要。最早开凿隧道的历史可以追溯到 15000 年前，人们用鹿角和马骨做成的镐头挖掘开采电石的隧道。随着火药的发现，在岩石里开凿隧道的速度极大地提高了，并且应用范围也得到拓宽。19 世纪铁路系统开始建立，为减小铁轨坡度和缩短线路长度，应用了隧道技术。

美国是世界上的地铁大国，曾一度是已通城市地铁数量最多、线路最长的国家，截至 20 世纪 80 年代，纽约、华盛顿、芝加哥、波士顿、旧金山、费城等 10 个主要城市的地铁总长就超过 1100km，占当时世界的五分之一。其次是日本，20 世纪 60 年代之后，日本大力发展地铁，截至 2016 年，东京、横滨、大阪、名古屋、札幌、福冈等 9 个城市建有地铁系统（含国铁、私铁），共计 43 条线路，总长约 757km，日均客流量约 1628 万人次。自 20 世纪 80 年代，伴随着改革开放的巨大成就，中国的经济和城市面貌发生了重大的变化，随之而来的城市建设也蓬勃发展，地铁在北京、上海、广州、深圳、西安、成都等城市高速发展。

除了地下动态交通之外，城市地下交通系统还包括静态交通（即停车），停车可以说是现代城市地下空间应用中最常见的一种方式。地下停车建筑往往与城市人防设施结合起来。例如，上海最大的人防工程——人民广场迪美购物中心，总建筑面积近 10 万 m^2，是一个集购物、餐饮、娱乐、休闲、旅游、观光于一体的地下多功能广场，地下停车场面积达到 5 万 m^2，可同时停 600 辆小汽车。

2 地下空间的理论

2.1 地下空间的概念

地下空间是指位于地表以下的各种结构空间，它的主要表现形式是地下建筑物或地下构筑物。它的使用范围很广，涉及地下商城、地下商业街、地下停车场、地下仓库、地下储存室、人防工程、管线工程、军事工程、地铁、矿山井巷、洞室、隧道、核电、核废处置空间及地下水利水电等空间。可以说，人们在地面上能够找到的各种工程和空间，在地下也可以找到对应的空间名称。

地下空间不同于自然地质作用形成的天然洞穴，特指人类为经济、生产及生活等活动而进行地下工程开发所形成的空间。它是人类智慧与技术的结晶，是工程活动与地质环境相互协同作用的产物，地下空间的广度及深度标志着人类文明的发展与进步。所以说，地下空间是指一定深度范围内的地下三维结构所形成的空间实体。它是由人建造的、能够为人服务的、适应未来城市发展的重要空间。

地下空间结构是地下空间构成的主体，地下空间结构类型是由地下空间的功能决定的。一般而言，先确定地下空间的建设用途，再根据功能要求进行结构设计。对于地下城市，因与地面城市存在承上启下的对接关系，可按城市地下建筑进行通用设计，正如地面建筑，然后根据商业用途进行分割和区划。

按地下空间赋存的地质环境，可分为土层及岩层地下空间结构。在岩层结构中，依支护方式的不同，又可分为岩壁结构、喷射混凝土结构、喷锚结构、衬砌结构、混凝土整体结构及锚杆结构等。衬砌结构中，根据地下空间全断面的衬砌与否，又分为全衬砌结构及半衬砌结构。根据岩壁支护层厚度的均匀性，又分为等厚拱墙结构、厚拱薄墙结构及薄拱厚墙结构等。

按地下空间所处深度，可分为浅埋与深埋结构。浅埋与深埋是相对而言的，目前没有统一的划分和定义。对于城市地下空间而言，地下建筑的技术条件、地层承载力及承载层所处深度是界定深层地下空间的主要因素。目前，深埋结构有几种观点，其中一种观点认为当地下空间结构顶层顶点位置所处深度大于承载层所处深度时可定义为深层地下结构。

在城市地下空间分层开发中，从浅到深，基本原则为：

第一层为办公、商业及娱乐空间，属日常、大量人员使用的空间。

第二层为人员活动时间较短的地下交通空间。

第三层为人员较少的动力设备、变电所、物资储存及生产设施空间。

第四层为人员稀少区，用以布置污水、燃气、电缆等公共管线及特殊用途的空间。

2.2　地下空间的类型

地下空间是指地球表面以下岩层或土层中由天然形成或人工开发形成的空间。在人类对地下空间的开发利用中，地下空间也在不断地演化，从初始的主要人防工程逐渐发展成多种多样的空间形式，满足人们生活上的各种需求。从类型来分，地下空间可以按照使用程度分成地下交通空间、地下市政空间、地下服务空间、地下仓储空间、地下物流系统、地下防灾空间、地下综合体和未来地下城等。

1. 地下交通空间

主要包括城市地下步行道系统、地下铁道（简称"地铁"）、地下快速路、互通式地下立交、大型地下交通枢纽和地下停车场。

（1）地下步行道系统

地下步行道可以将建筑与建筑在地下连接起来，并通过商业设施、交通空间、下沉式广场等设计营造出丰富多彩的空间形式，其对天气的适应性也很强，不受室外环境的影响，从而可以进行各种商业、文化等交流活动。

（2）地铁

实践证明，地铁可以有效缓解地面交通压力，如今中国已有众多城市建成或正在建设地铁。地铁俨然已经成为城市交通的主要力量。相较于其他交通工具，地铁有很多优点。比如：运量大，运输能力是地面公交的8～11倍；速度快，可超100km/h；减少污染，因为以电力作为动力，不会直接污染空气。

（3）地下快速路

钱七虎院士认为，发展地下快速道路建设非常适合人多地少的中国国情。由于没有站台建设，没有信号控制系统，其造价比地铁低50%，运行过程中开支也不高，并且如果把环境货币化，把收集的尾气排放和处理费用算进去，地下快速路的建设造价其实并不高。而且作为地面道路的延伸可以有效分流交通，避免雨雪天气的影响，在长期建设中必能展现其治理交通拥堵和空气污染的效果，如图2-1所示。

图2-1　地下快速路示意图

（4）互通式地下立交

互通式地下立交是近几年出现的新形式，并在大城市中有着广阔的潜在需求。在快速干道与其他道路的交叉节点，一般采用立交桥形式，或互通，或跨越。而近几年随着经济和技术的发展，以及对城市发展建设观念的改变，对景观和环境的要求提升到了新的高度。与以往立交桥相比，互通式地下立交可以有效改善地面商业环境和城市景观，并且将交通引入地下，减少大规模明挖工程量。如新建成的南京青奥轴线地下交通工程，总开挖土方为 176 万 m^3，呈 T 字形结构布置，共设置了 11 条匝道，各种地下隧道、匝道立交和地下空间叠落交错，形成了错综复杂的地下三层互通立交结构。

（5）地下停车场

地下停车场作为地下静态交通的主要形式，在很大程度上缓解了地面交通压力，主要解决了城市停车难的问题。

（6）大型地下交通枢纽

如今的交通状况特别严峻，出行成本增加，特别是在城市的重要枢纽节点，如火车站、长途客运站、机场、港口等地方，由于交通量大、交通方式多样，很容易造成拥堵，导致城市整体交通运行不畅。为了缓解这种情况，实现各种交通方式的零换乘，建设大型交通枢纽成为当务之急。

近些年，在我国的许多大城市都修建了此类大型地下交通枢纽设施，将航空、高铁动车、地铁、公交以及各种服务设施有机地结合起来，如上海虹桥综合交通枢纽、天津西站交通枢纽、北京大兴国际机场等。

虹桥综合交通枢纽位于上海市中心城西部，规划面积 $26km^2$，核心区约 $1.4km^2$。该枢纽将服务远距离的航空、高速列车，服务长三角中等距离的城际列车、长途汽车，以及城市轨道交通、公共交通等综合设施有机衔接，充分满足了不同服务范围出行在不同交通方式之间的换乘需求。将磁悬浮引入综合枢纽中，实现航空旅客在虹桥机场和浦东机场之间的快速周转，并与长三角腹地密切联系起来，如图 2-2 所示。

图 2-2 上海虹桥机场交通枢纽鸟瞰图

2. 地下市政空间

市政设施是城市赖以生存的物质和能量（包括信息）的供给血脉，城市的快速发展需要血脉系统的不断扩容。保证城市所需物质能量快速运输的综合管廊，能实现市政管线在不重复开挖情况下进行维护、监控和扩容，提高市政管线的集约投资效益和城市血脉系统的供给稳定性与高效性。

城市地下管道综合管廊，又称"共同沟"①，即在城市地下建造一个隧道空间，将市政、电力、通信、燃气、给排水等各种管线集于一体，彻底改变以前各个部门各自建设、各自管理的混乱局面。在城市发展建设的过程中，综合管廊的建设应具有超前意识，这将为今后城市地下空间的开发预留出充足的空间。

在中华人民共和国建设初期以及现在很多地方城市中，电力电缆、通信电缆等线路通常采用架空方式，上下水管网、热力管网等小口径的管道常采用开槽铺设的方式，地下通道等地下交通道路一般采用明挖法。这些施工方法不仅提高了维护成本，影响了地面交通，而且严重影响市容景观。

微型隧道是小直径的顶管施工方法，其所适用的管道内径小于900mm，通常被认为无法保障人在里面安全工作，所以往往采用在地表遥控的办法来操纵地下钻掘机械成孔，同时顶入要铺设的管道。它可准确地控制铺管方位，有效地平衡地层压力，控制地面沉降，实现非开挖铺设地下管道。与"挖槽埋管"工法相比具有不影响交通、不破坏环境、无须大量运输堆放杂土、无噪声干扰、不产生沉降、施工周期短等优点，具有显著的社会效益和经济效益。目前非开挖铺管技术已经在北京、上海、郑州、无锡等20多个城市开始应用。

3. 地下服务空间

在城市的核心区域，城市商业、文娱等活动非常密集，遵循空间效益的分布规律，在核心区的低层和地下浅层空间往往会形成集各种功能于一体、地上地下功能协调的公共服务综合体，并结合轨道交通、地下步行街的建设增强地下公共服务空间的可达性。地下商业街最先由日本发展起来，是解决城市发展矛盾的一条有效途径。

地下商业街的主要功能是解决交通问题。街道的两边渐渐发展出商铺等商业设施，多为小中型商店及餐饮娱乐，之后逐渐发展成为地下综合体。地下商业街的发展对地面商业是一种补充，促进区域经济效益的增长，并且对城市的道路景观、交通状况等起到很好的改善作用。地下场馆包括游泳池、文娱厅等。作为公共活动载体的文化娱乐设施开始越来越多地修建在地下。

由于地下环境具有恒温、防护好等特点，适宜游泳馆、档案馆以及需求较少光线的展览厅等的建设。比如乔治城大学在体育场下面建设的雅特斯体育馆、挪威的季奥维克游泳池、芬兰赫尔辛基的地下岩石教堂、法国国家图书馆（图2-3）等。

---

① "共同沟"最早是源自日本的称呼，是指设置在道路下，用于容纳两种以上公用、市政管线的构造物及其附属设备，其设有专门的检修口、吊装口和监测系统。英文名称为"utility tunnel"，在我国相关规范中称为综合管沟或综合管廊。在我国台湾地区称为共同管道。

图 2-3 法国国家图书馆

4. 地下仓储空间

地面或露天储存虽然运输比较方便，但是要占用大量地面空间，并且为了满足储存所需的条件可能要付出较大的经济代价。而地下储库一般属于深层地下空间，多位于地表 30m 以下，属于深层地下空间利用。由于其恒温、恒湿、耐高温、耐高压、防火、防爆、防泄漏等特点，适于各种物资的储藏，如液化气、石油等，还可作为粮食库、地下冷库等。与地面同类储库相比，地下仓储具有很好的防护性、热稳定性和密闭性等。

5. 地下物流系统

城市地下物流系统，又称城市地下货运系统，就是将城外的货物通过各种运输方式运到位于城市边缘的机场、公路或铁路货运站、物流园区等，经处理后进入地下物流系统，由地下物流系统运送到城内的各个终端（如超市、酒店、仓库、工厂、配送中心等）。

城市地下物流系统作为一种具有广阔应用前景的新型城市物流系统，可以有效缓解城市交通拥堵，降低城市交通事故率，同时能避免天气的影响，提高城市物流效率。地下物流系统的运输工具由于采用了电力驱动，在地下运行可以实现污染物零排放，改善城市生态环境，并能保护城市中历史文化遗产。此外，地下物流系统也在一定程度上大力支持了电子商务的发展，满足了未来电子商务对城市快速物流的需求，特别对一些生鲜冷冻食品和对时间要求较高的货物运输提供了很好的解决方案。

6. 地下防灾空间

贯彻平战结合的原则，地下空间应同时具备防灾与其他两种以上功能，发展功能复合型地下空间。地下交通、地下公共服务空间应同时作为灾害发生时的掩蔽场所，并在设计时考虑作为相应的疏散通道、抢救医疗和战时指挥中心等功能设施的配套，提高城市的整体防灾能力。在我国，地下防灾空间主要是人民防空工程，也叫人防工事。

7. 地下综合体

地下综合体是在近几十年间发展起来的一种新的建筑类型，是多种地下构筑物的综合设置。随着城市集约化程度越来越高，人们对地下空间的综合利用要求也在不断提高，地下综合体这一新型建筑类型应运而生。欧洲、北美和日本等发达国家中的一些大城市，在新城镇建设和旧城市再开发过程中，都建设了不同规模的地下综合体。集市政、交通、商业及各种公共活动于一体的地下综合体已成为现代大城市象征的建筑类型之一。

地下综合体大致可以分为三种类型：一种是新建城镇的地下综合体；一种是与高层建筑群相结合的地下综合体；另一种是位于城市广场和街道下的地下综合体，主要为实现人车分流和缓解地面停车压力而设立。地下综合体主要包括以下设施：地铁、地下道路以及地面上的公共交通之间的换乘枢纽，由集散厅和各种车站、换乘枢纽组成；地下过街人行通道、地下车站间的连接通道、地下建筑之间的连接通道、地面建筑出入口、楼梯和自动扶梯等内部垂直交通设施等；地下公共停车库；商业设施和饮食、休闲等服务设施，文娱、体育、展览等公共设施，办公、银行、邮局等业务设施；用于市政公用设施的综合管廊；综合体本身所使用的通风、空调、变配电、供水排水等设备用房和中央控制室、防灾中心、办公室、仓库、卫生间等辅助用房，以及备用的电源、水源、防护设施等。

8. 未来地下城

笔者认为，随着城市规模越来越大、城市水平不断提升，城市地价水涨船高，人们开始重新思考如何有效地利用我们的地球，如何在减少环境能耗、应对未来危机等方面有更多的选择，未来地下城则应运而生。

未来地下城以摩天大厦作为办公建筑，同时也是结构柱，建筑与建筑之间用快速交通联系，并且配备高速电梯，使每一个居民能够快速地到达城市的任何一个地方。

在未来地下城中同时构建轨道交通、智慧住宅、个性商超等一系列的城市功能，使其成为一个具有独立功能的城市，这个城市，因其体量较大、容纳人口多，可以有效释放地面资源，使地面成为自然、生态的乐园。随着地下空间规划、建筑、施工技术水平的不断提升，地下城市因其有效利用土地、抗震防爆效果好、隔声气密效果佳等优点，在一定程度上，将成为人类发展的一种科学、理性的选择。

未来地下城最大的特点就是集聚。因为重力的影响，人类向上挑战建筑高度已经到达极限，而且造价、环境的影响是显而易见的，但是地下未来城却不同，它具有明显的自相似性和生长性，它完全可以根据城市规模的大小、人口的多少来组织城市形态，既可以是横向组团式，也可以是纵向叠落式，既可以是单体的一个建筑，也可以是一个巨大的城市网络，因此，它具有良好的经济性，是非常好的一种城市发展模式，如图2-4所示。

图 2-4　未来地下城概念图

2.3　地下空间的属性

1. 地下空间的自然资源属性

地下空间首先作为一种位于地球岩石圈空间的自然资源，具有自然资源的属性特征，其开发同时具有有限性与约束性。地下空间同时是一种不可再生的自然资源。地下空间资源位于岩石圈空间，它具有致密性和构造单元的长期稳定性，受到地震等自然灾害的破坏作用比地面建筑轻。

2. 地下空间的空间资源属性

地下空间是并行于地表空间、海洋空间、宇宙空间的客观空间存在。其本质作用是发挥空间拓展的功能，即对自然活动及人类活动进行空间承载，供自然生物及人类进行生活、生产的物质空间，可以被人类开发利用，创造经济及社会效益。

3. 地下空间的社会公共性资源属性

地下空间资源对于城市的发展建设是一种宝贵的国土资源，是城市可以使用的另一种土地资源类型，具有与土地资源一样的功用，可以被开发利用，创造社会财富及社会效益。地下空间资源能够被用于城市国土空间与城市功能空间的拓展。

地下空间资源主要用于城市基础设施建设空间的补充和完善，具备基础设施的公益性设施属性，是城市良性发展的后备保障，也是公众生存、生活的后备保障。地下空间作为可以为人类开发利用的生存空间及社会公共资源，其开发和使用过程中应更多地满足人类的生活、生产等需求，根据人居需求改善其自身特性。

2.4 地下空间的开发

1992 年，联合国环境与发展大会通过了著名的《里约热内卢环境与发展宣言》（也称"地球宪章"），无论是发达国家还是发展中国家，都把可持续发展战略作为国家宏观经济发展战略的一种必然选择。改革开放以来，随着经济的发展，我国的城市化也进入了加速发展阶段，城市化水平从 1990 年的 18.96% 提高到 2020 年底的 62.4%，预计到 2035 年及 21 世纪中叶将达到 70% 和 80%。经济与城市化水平的高速发展导致城市建设的急剧发展。实施城市的可持续发展必须节约资源、保护环境，实现城市经济和建设与资源、环境的相互协调。

1. 集约利用土地的要求

1987 年开始的中国城市土地使用制度改革，变无偿、无期限、无流动性的城市土地"三无"使用制度为有偿、有期限、可流动的土地使用制度，通过建立和培育土地市场，引入市场机制，使市场在国家宏观调控下对土地资源配置发挥基础性作用。改革不仅使土地的价值真正得以实现，国有土地所有权在经济上得到实现，而且在市场机制的引导下，土地资源日益趋于合理、优化。然而，在改革不断深化的过程中，由于受到传统体制的惯性作用及改革尚处于初级阶段，市场机制引入对传统体制下的一些政策框架和体制设置提出了严峻的挑战，使得在土地使用制度改革深化过程中遇到诸多问题。不仅有旧体制下的诸多历史遗留问题，如土地闲置或浪费问题，难以彻底解决，同时由于改革过程中制度及政策工具的不完善，体制转轨过程中又引发了诸多新的问题，影响了土地使用制度改革的进一步深化。

从数据来看，我国近年来城市用地范围不断扩展，近 40 年来建设用地从 2.5 万 km^2 跃升到 33.2 万 km^2，增幅达 10 余倍，从土地利用的集约化程度可以看出，单位城市用地的国民经济总产值，我国和国外发达国家相比，相差也在 10 倍以上。近年来，根据卫星遥感资料和众多学者判断和测算，我国大部分城市发展还在沿用"摊大饼"式的粗放、低效开发模式，城市在平面上呈现无限制的外延扩展状态。从国际经验来看，西安单位建设用地的 GDP 产值，与上海相比相差 3.3 倍，而上海与东京、纽约相比，则相差也在 2 倍以上。这些数据说明，只有提高单位建设用地的产值，减少城市的无效扩张，以集约化应对城市发展，才能解决当下国土空间紧张的问题。纵观当今世界，很多发达国家和发展中国家已把对地下空间开发利用作为解决城市土地资源与环境危机的重要措施，实施城市土地资源集约化使用与城市可持续发展。

自 1977 年在瑞典召开第一次地下空间国际学术会议以来，已召开了多次以地下空间为主题的国际学术会议，通过了不少呼吁开发利用地下空间的决议和文件。例如 1980 年在瑞典召开的国际学术会议产生了一个致世界各国政府开发利用地下空间资源为人类造福的建议书。1983 年联合国下属的自然资源委员会通过了确定地下空间为重要自然资源的文本，并把它列在其工作计划之中。1991 年在东京召开的城市地下空间国际学术会议通过了《东京宣言》，提出了"二十一世纪是人类开发利用地下空间的世纪"。在实践方面，瑞典、挪威、加拿大、芬兰、日本、美国等国在城市地下空间利用领域已达到相当的水平和规模。发展中国家，如印度、埃及、墨西哥等国也于 20 世纪 80 年代先后开始了城市地下空间的开发利用。向地下要土地、要空间已成为城市历史发展的必然和世界性的发展趋势，并以此作为衡量城市现代化的重要标志。

城市地下空间是一个巨大而丰富的空间资源，如得到合理开发，对缓解城市中心区建筑高密度的效果是十分明显的。根据初步估计，如只考虑开发浅层空间（30m），开发面积为城市建设用地的 35%（道路、绿地及其他可供开发的土地），可利用系数为 0.5，则全国可提供 5.775 万 km^2 的开发空间。根据西安市 2020 年统计年鉴，西安市 2019 年城市建设用地 722.53km²，如开发浅层地下空间，则至少可以提供 0.86 亿 m^2 的用地，几乎相当于 2~3 年的城市建设用地的扩张规模；如开发 100m 深层空间，则可以提供 5 亿 m^2 的地下空间，几乎等于建设用地的总和，等于地下再造了一个西安市。

2. 可持续发展的要求

可持续发展理论是指既满足当代人的需要，又不对后代人满足其需要的能力构成危害的发展，以公平性、持续性、共同性为三大基本原则。可持续发展理论的最终目的是达到共同、协调、公平、高效、多维的发展。从我国现状来看，传统意义上我国的"地大物博"是不够严谨的，因为除土地资源外，按人口平均，我国也是资源小国。我国人均能源占有量不到世界平均水平的一半，人均水资源为世界人均水平的 25%，因此，实现资源可持续利用有着迫切的现实意义和价值。在这一方面，地下空间的开发和利用为可持续发展提供了广阔的空间。

当下世界人类消耗最多的资源就是能源，在大部分发达和发展中国家中，建筑能耗是大户。据不完全统计，美国所有城市的建筑能耗占全国总能耗的 40% 以上，而其中采暖、通风的能耗就占到总能耗的 20%。根据国家统计局发布的国际统计年鉴数据显示，中国的单位 GDP 产值能耗是比较高的，是世界平均水平的 1.38 倍，是高收入国家平均水平的 1.55 倍。从国家和地区来看，是以色列的 2 倍，是英国的 2.5 倍，是中国香港的 4.7 倍。从建筑内部环境控制来看，我国仅建筑采暖一项，因大部分城市还采用以煤炭发热为主体的能耗方式，单位建筑能耗居高不下，是发达国家的 2~4 倍，甚至是冰岛的 300 倍！可见，降低建筑内部环境能耗，是减少能耗的重要方式。

地下空间由于具有良好的隔热性，对地面温度的变化及气候的影响几乎无作用。实验证明，地面以下 1m 日均温度几乎没有变化，地面以下 5m 室内气温长期恒定。从中国西北地区的传统居住——窑洞的体验就可以看出，人们长期居住在地下及半地下空间，所能感受的气温变化是冬暖夏凉。因此地下空间建筑能耗，特别是采暖能耗远低于地面建筑。根据欧美发达国家所进行的地下空间研究表明，与地面建筑相比，地下空间更加节能，其中服务建筑节能 60%，仓库节能 70%，工厂节能 50%。

地下空间开发利用为自然能源的利用，特别是可再生能源的利用，开辟了一条广阔有效的途径。地下空间可以大规模地将太阳能储存起来，利用地下水、岩石、土壤储存热量，这在全世界都是一种普遍现象。如北欧国家瑞典在首都斯德哥尔摩附近的岩洞中建造了一个能储存 1.5 万 m^3 的地下热水库，将废弃物焚烧后产生的热量储存在此，通过热交换设备与区域供热进行联系。这一工程每年能节省燃煤费用 400 万~600 万美元，而且更有利于环保。

除了储存之外，地下空间还可以提供更多清洁且多样的能源，如美国、法国、德国近年来一直在开发所谓"非枯竭性的无污染能源"——深层干热岩发电，就是其中一种。干热岩是一种没有水或蒸汽的热岩体，主要是各种变质岩或结晶岩类岩体，普遍埋藏于距地表 2～6km 的深处，其温度范围很广，在 150～650℃之间。在学术界，干热岩有时被称为"热干岩"，其英文名称为"Hot Dry Rock"。干热岩的热能赋存于岩石中，较常见的岩石有黑云母片麻岩、花岗岩、花岗闪长岩以及花岗岩小丘等。一般干热岩上覆盖有沉积岩或土等隔热层。干热岩地热能的开采方法主要是所谓的增强地热系统方法，即 Enhanced Geothermal System（EGS）方法。该方法的工艺过程大致是：通过钻井在干热岩储层中建成对井（生产井和注入井）系统，在对井间储层进行压裂后，通过注入井注水，水与岩体接触被加热后返回地面进行发电或梯级利用，冷却后的地热水则重新注入进行循环，从而在生产井—热储—注入井之间形成人造热交换与流体循环系统，实现地热能的高效开发与利用。

除了能源资源之外，我国水资源短缺问题也是非常严重的。我国水资源的分布呈现明显的时空分布不均匀性。比如全国每年大量的淡水、雨水等因为雨季的到来白白流向大海，甚至在短时期内还给城市带来了严重的内涝，但是全国就有 300 多个大中城市常年处于缺水的状态。如果能够充分利用地下空间的岩隙、孔洞，将其作为储水的设施，通过自然环境调节水的时空分布，也许在一定程度上能够缓解当下水资源短缺的问题。

3. 缓解城市矛盾的要求

40 年来中国城市化的进程飞速发展，城市化率、建设用地等都大幅度增长，可以说，城市走过了一波以外延式、粗放式、低效式发展为主体的数量发展模式。这种模式给中国的经济发展注入了大量的活力，同时也要清晰地看到，这种模式是难以持续的，是有问题的。只重视数量而忽视质量，只重视外延而忽视内涵，带来的只能是城市发展的恶果，具体表征为"大城市病"，带来交通拥堵、环境污染、成本提高、通勤不便等一系列的问题，它正在吞噬着城市发展的成果，给城市特别是大城市居民带来了无限的痛苦与悲伤。因此，要解决这种问题，就需要在内涵、质量上下功夫，将二维空间拓展为三维空间，将地面规划拓展为地面、地下规划，地下空间的合理利用，不失为解决当下城市发展问题的一剂良药。

当下城市发展面临的第一个问题就是交通问题。交通是城市功能中最活跃的因素，是城市可持续发展的最关键问题。交通阻塞、行车速度缓慢已成为我国许多城市普遍的突出问题。20 世纪 80～90 年代，北京、上海等大城市机动车年均增长 13% 左右，而同期道路密度仅增加 5% 左右。20 世纪 90 年代后期，大城市机动车增长速度进一步加快，轿车、客车增幅进一步加大，而同期城市道路建设的速度始终跟不上机动车增长速度。以西安为例，近 10 年来城市道路的增加面积以 0.6% 的速度增长，而机动车的保有量增速则达到了每年 8%，城市道路面积在城市面积中的比例降低，直接后果就是机动车的速度下降。据统计，西安市近 10 年来平均车速下降了 40%，早高峰拥堵路段达到了 72%，拥堵时间也增加了 1.5 倍。从全世界的角度来看，因为增加成本的难易不同，道路的增长永远跟不上机动车保有量的增长，这是世界上任何城市都无法摆脱的。所以，城市交通拥挤也就成为必然，只能另寻出路。

除了交通问题，城市发展还面临生态问题。据统计，全国 500 多座城市中，大气质量能够常年达到优良以上标准的不到 1%，甚至连海口这样的几乎无工业城市也面临生态环境的污染。

污水、垃圾、噪声等问题在很多城市中普遍存在，而这些问题的产生，大多数是由于建筑空间用地、城市绿地减少所造成。近 40 年来，随着城市经济的发展和土地财政的日益重要，城市仅有的建设用地指标多用于城市道路、房地产等能够直接产生经济效益的内容，而看似无用的园林绿地和开敞空间则日益减少。据 2020 年全国统计年鉴，我国人均城市绿地面积只有 13.6m²，与发达国家相比差距还是比较大的，如伦敦人均 23m²，巴黎人均 25m²，莫斯科人均 44m²，华盛顿人均 40m²。世界知名的"绿都"华沙，人均绿地面积 75m²，几乎是一座建在森林中的城市。除了面积偏少外，我国绿地大多集中在城市边缘区或者森林公园内，在城市建成区分布较少。如西安市从 2010 年至 2019 年城市公园数量增加了 72%，面积几乎翻了两倍，但城市主城区内的公园却增加不多，甚至核心区内的公园还出现面积减少的现象。这种空间的不合理性，直接导致了城市生态问题的进一步恶化。

改善城市生态问题，可以通过发展清洁能源、改变能源结构、发展公共交通、机动车尾号限行等政策措施来解决，但是这些都只是治标而不是治本的方法。城市生态问题的核心是在二维平面无法将城市的经济发展和生态保护叠加起来，在容量保持一定的前提下，搞经济发展就要牺牲生态保护，搞生态保护就要限制经济发展，这一对矛盾是难以调和的。因此，只有将可以转为地下的建设用地放在地下，将有限的地面资源腾挪出来作为绿地、广场和生态设施用地，才能从根本上解决城市生态问题。

3 城市地下空间规划基础

3.1 城市容量与拓展

城市容量是指一个城市在某一时期对人口和人类活动以及与人类活动有关的各类设施（建筑物、道路等城市设施）的容纳能力。这种容纳能力是综合性的，包含用地容量、人口容量、建筑容量、交通容量、环境容量和工业容量等。城市容量是一个动态发展变化的事物，其容量总和的大小取决于城市用地面积、条件、城市的社会经济技术发展程度等因素，在其他条件不变的情况下，用地面积的大小和社会经济发展程度的高低与城市容量的大小成正比。

如将城市容量作为总系统，则其子系统（人口容量、建筑容量、交通容量等）之间并不是孤立的，而是相互联系。毫无疑问，城市规划的最大目的是促进生产力的发展和改善人类生活水平。因此，这众多子系统中人口容量是最重要的，人口容量的大小制约建筑容量等的发展，同时，建筑容量等也反作用于人口容量。所以，城市容量是一个相互关联并且相互协调平衡的系统。当人口过多、过快地发展时，建筑容量出现不足，增加建筑容量后往往又引发交通容量和环境容量下降，最终致使生活环境恶化，人口开始向外围疏散。这种恶性循环的结果将导致城市衰退，国外很多发达城市都曾有过类似的经历。诚然，出现城市衰退的原因是多样的，如过度投机、汽车的发展等，但从本质上讲，是城市各种容量之间的比例和配置失调的结果。当然，城市各种容量的最优化比例和配置不是恒定不变的，而是受历史生产力水平和民俗文化等社会因素制约的，在这一点上，应该具体问题具体分析，不能简单套用。

城市发展是否合理，重要的指标是城市空间容纳效率。城市的空间容量包括理论容量和实际容量。其中，城市实际容量即城市在某一阶段实际发生的承载容量，而城市理论容量则指在某一阶段的当前条件下，在各种主客观因素的制约下，城市所能达到的最大的理论承载能力。当理论容量在城市某一发展阶段有一定限度，当理论容量达到饱和难以再扩大时，就会与实际容量间出现不平衡，这时可以依靠新科学技术为理论容量扩大创造条件。如20世纪20年代，高层建筑的出现为提高城市的理论容量作出了重要贡献，直至今日高层建筑的高度还在不断被刷新；同样在20世纪50年代，人们把开发地下空间作为扩大城市容量的主要手段，从而大大提高了城市空间的容量，但目前人们对地下空间的利用主要在浅层地下空间，并且还远没有达到充分利用，地下空间对城市理论容量的提高还有巨大潜力。实际过程中，城市发展受到很多条件的影响，有着客观的发展规律。但是拓展城市理论容量的根本目的就是促进城市发展。因此，城市理论容量的大小要努力保持着与城市发展速度相适应的规模，过大则浪费，过小则制约城市发展。城市规划工作是一个不断调整城市发展与城市理论容量、城市理论容量与实际容量、城市各种容量之间平衡发展的过程。上述平衡关系在地下空间开发规划中更应得到重视，并贯穿始终。

在城市发展中，城市容量会因某一种或几种因素的改变而改变，拓展城市容量的第一步是保持各种城市功能的协调发展。可是，城市容量必然要落实到城市空间上，所以拓展城市容量的根本方法是开发城市空间。城市空间可划分为上部空间、地面空间和地下空间三大部分。从城市发展史来看，地面空间首先得到开发利用，其次是上部空间，最后是地下空间。这与经济技术条件和人们的生活习惯有关。当然，某些特殊情况例外，如我国大西北的黄土高坡，从古至今一直以窑洞（地下空间）为主要起居空间。

城市空间的拓展一般可以分为两种方式：

① 外延式水平方向扩展。

② 内涵式立体方向扩展。

前者以增加城市用地为主，后者则在不增加城市用地的情况下，以通过向上和向下空间为主进行扩展。当然在城市发展的过程中两者并不相互排斥，而是既可以独立存在，也可以同时出现在城市建设中。

3.2　城市地下空间的功能

要分清城市地下空间的功能分类，首先应分析城市空间的具体划分方法。一般可将城市空间按层次的不同划分为地面、上部和地下 3 种空间。

开发地下空间的首要目的在于缓解地面矛盾（尤其交通），具体措施如修建地下铁路、地下公路、地下人行过街通道、地下停车库等；其次是增加新的商业服务、文娱等设施，与地面结合产生更大的综合效益。因此，作为城市空间的一部分，城市地下空间按其利用的功能用途不同，可划分成以下 10 种类型的地下空间。

1. 居住空间

地下空间可以居住，这一点早已由世界各地的大量覆土居所等实践所证明。我国 1992 年在上海得出的（半地下室改造居住空间的研究）科研课题结论也说明了地下空间经过特殊处理后，其环境指标是能满足人类健康需要的。另外，在气候条件恶劣的地区，地下居所的节能和改善微气候作用是显著的。但是，在现行经济条件下，地下空间修建时还不大可能全部达到高标准居住环境条件，多数存在透气性差、潮湿等问题。因此，在目前情况下，大量人口到地下居住是不现实的。

2. 业务空间

地下空间可以用于办公、会议、教学、实验、医疗等各种场合。地下空间特殊的隔声优势，使得几乎所有不需要天然光线的活动都很适合在地下进行。

3. 商业服务空间

地下空间可作商场、餐厅等设施，特别是当其与动态交通功能相联系时，更能吸引人流、改善交通、繁荣商业，可谓一举两得。在气候严寒或酷热地区，因其恒温性和遮蔽性，使其更受欢迎，如加拿大蒙特利尔的商业街和日本的地下商业设施。当然，这类空间因人员流动量大，防灾措施一定要得当，尤其是餐饮业的防火。

4. 文娱体育空间

地下空间可以用于文化、娱乐和体育功能。当集纳人数较多、密度较大时，疏散等防灾措施十分重要。

5. 交通空间

交通功能是开发利用地下空间的最主要功能。交通空间可细分为动态交通空间和静态交通空间。动态交通空间如地铁、公路隧道、车行道、人行通道等；静态交通空间则指地下停车库等。开发地下交通空间，已成为解决城市病的最主要手段之一。

6. 公用设施空间

为公用设施提供空间，几乎一直是地下空间的"专利"。公用设施除了地下各类管线外，还应包括变电站、水厂、锅炉、污水处理系统和未来可能有的地下垃圾运送处理系统等。目前，我国城市基础设施建设虽然还未广泛使用综合管廊技术，即将地下管线集约化，但是，这必将是我国未来城市市政公用设施建设的发展趋势和方向。

7. 工业空间

地下空间可以用于军事工业、轻工业或手工业等，尤其当这些设施与城市居住区混杂时，将其迁至地下，改善环境、提高生活水平的意义更可凸显出来。

8. 储存空间

地下空间有恒温、防盗性好、鼠害轻等优点，使得仓储也成为地下空间的一项传统利用功能。地下仓库成本低、节能、安全，因此得到了广泛利用。

9. 防灾防护空间

地下空间对于各种自然的或人为的灾害具有较强的综合防灾防护能力，因而被广泛用于防灾（护）。我国和世界很多国家都在地下修建了防战争灾害的人防设施。当然，地下空间在承担防灾防护功能时，应不影响其他功能的开发，平战结合是人防发展的必由之路。

10. 高层建筑的设备空间

利用地下空间作设备层，在高层建筑设计施工中是最常见的。节省出地面以上的楼层可以用于其他功能。

3.3 城市地下空间的生理效应与心理效应

1. 生理效应

地下空间的利用，应考虑其环境质量对人体所产生的生理效应。

（1）空气污染的影响

当地下空间内空气污染物超过一定浓度，并持续一段时间，则可对人体产生不同程度的伤害。

① 一氧化碳。这是一种侵害血液、神经的有毒物质。长期接触低浓度 CO 会造成慢性中毒，许多动物实验和流行病调查证明，长期接触低浓度 CO 对健康的影响主要表现在以下方面：

a. 对心血管系统的影响。雷斯等人发现，当血液中碳氧血红蛋白的饱和度为 8% 时，静脉血氧张力降低，冠状动脉血流量增加，从而引起心肌摄取氧量减少，促使某些细胞内氧化酶系统停止活动；达到 15% 时，能促使大血管内膜对胆固醇的摄入量增加，并促进胆固醇沉积，使原有的动脉硬化症加重，从而对心肌产生影响，使心电图出现异常。

b. 对神经系统的影响。脑是人体内耗氧量最多的器官，也是对缺氧最敏感的器官。由于缺氧，还会引起细胞呼吸内窒息，发生软化和坏死，出现视野缩小、听力丧失等。轻者会出现头痛、头晕、记忆力降低等神经衰弱症。

c. 造成低氧血症。出现红细胞、血红蛋白等代偿性增加，其症状与缺氧引起的病理变化相似。

② 可吸入颗粒物。可吸入颗粒物随空气经呼吸道进入肌体，因粒径的大小不同，在呼吸道内滞留的部位也不同，因而造成的危害也不同。大于 $5\mu m$ 的颗粒易被上呼吸道所阻留，部分虽可经咳嗽、吐痰等排出体外，但对局部黏膜产生刺激作用，可引起慢性鼻炎、咽炎。颗径小于 $5\mu m$ 的颗粒物，可进入深部呼吸道，沉积在肺泡内的颗粒物可促进肺泡的壁纤维增生。这些因素均可影响肺组织的换气功能，造成慢性支气管炎患病率上升。空气中的悬浮颗粒物一般具有很强的吸附能力，很多有害气体或液体都能吸附在颗粒物上被带入肺脏深部，从而促成急性或慢性病症的发生。

③ 二氧化硫。二氧化硫是窒息性气体，有腐蚀作用。它能刺激眼结膜和鼻咽等黏膜，当空气中湿度大并有催化剂存在时，它能与水分结合形成亚硫酸，并缓慢地形成硫酸，使其刺激作用增强。

④ 氮氧化合物。氮氧化合物难溶于水，故对眼睛和上呼吸道的刺激作用较小，易大量进入深呼吸道而不被人所觉察。但如空气中氮氧化合物的浓度较高，达到 50×10^{-6} 时，可立即引起鼻腔和咽喉的刺激，产生咳嗽及喉头、胸部的灼烧感；引入新鲜空气后上述症状即可消失。但是在吸入后 $6\sim24h$ 有可能发生胸部紧缩和灼烧感，并出现呼吸紧迫、失眠不安等症状，又可发生肺水肿、呼吸困难加剧、昏迷甚至死亡。幸存者日后有可能再发肺炎。浓度为 80×10^{-6} 时，吸入 50min 即有危险，浓度为 200×10^{-6} 时，短时间吸入即可致死。

⑤ 二氧化碳。实验证明，当 CO_2 含量达 0.07% 时，有少数对气体敏感的人就有不适感觉；当达到 0.1% 时，人们普遍感到不适；当达到 3% 时，呼吸深度增加；当达到 4% 时会感到头痛、耳鸣、血压上升；当达到 $8\%\sim10\%$ 时，呼吸明显困难，意识陷入模糊不清。

⑥ 甲醛。甲醛是具有特殊刺激性的无色气体，易溶于水。对黏膜有刺激作用，低浓度的甲醛可致结膜炎、鼻炎、咽炎等，浓度高时则发生肺炎、肺水肿等。

⑦ 臭氧。室内污染物臭氧主要能刺激和破坏深部呼吸道黏膜及组织，对眼睛亦可有轻度刺激性。浓度在 1×10^{-6} 以上时，可引起头肿大、肺气肿及组织缺氧等。

⑧ 室内微生物。室内微生物主要来自室外受污染的空气和人体。室内微生物污染程度与周围环境、室内空气、温湿度、灰尘含量及采光通风等因素有关。空气微生物通过空气传播产生的主要疾病有流行性感冒、麻疹、结核、百日咳和其他疾病等。

（2）空气离子化对人体的影响

空气离子化作为一个生物气象因素，已经引起人们的注意。空气离子化程度可以作为判断空气质量的一个特殊指标，可用于检查建筑物的通风换气状况。一般认为，在一定浓度下，阴离子（也称负离子）对肌体呈良好的作用，而阳离子（正离子）则起到不良作用，但阴、阳离子的生物学作用，并不完全是相反的，两种离子依其浓度和持续作用时间的不同，对肌体的作用也不相同。低数量的阳离子和阴离子对肌体均呈良好作用，数量过高时，即使是阴离子也将起不良作用。空气离子化对整个肌体将产生作用，如对血液及心血管系统、肌体代谢和氧化还原过程、调节中枢神经系统的兴奋和抑制状态等都产生影响。

除了上述因素对室内空气质量有明显影响外，一些物理因素如噪声、电磁辐射〔（射频、红外、可视、紫外线等，范围为10Hz（射频）至1016Hz（紫外线）〕，这些因素也会对人产生心理及生理上的影响。

室内空气污染物的来源可分为燃料、人的活动、建筑材料以及室外等。地下空间处在特殊的环境中，封闭性强，自然光线不易被引入，温湿环境受地温的影响很大，结构受地层介质的包围，室内环境几乎都是由人工创造的，在相同条件下，与地面室内空间相比，地下空间室内空气污染源的排除要困难一些。地下空间的环境质量主要应考虑空气污染及空气离子化两方面，上述知识对每一个从事地下空间规划与设计者来说，都是需要事先了解的内容。

2. 心理效应

众所周知，地下空间是一个封闭的空间，人们在地下活动时，由于与户外隔绝，地下建筑与地面环境只能由有限的洞口联系，造成空气不流通、湿空气难以排除等，人们对地下建筑常有一种恐惧心理，当他们进入地下建筑空间后，难免会产生压抑感。为了分析地下空间对人们心理产生的影响，应分析地下建筑与地面建筑存在哪些不同。

① 地下建筑工程被封闭在地下，没有阳光和水、无外部景观和自然景色，而且由于难以利用自然光线，人们无法形成时间观念，这是引起人们不安的原因之一。

② 封闭的地下空间中，没有人们熟悉的环境声，没有鸟语花香，无自然的风感，这会引起人们的反感，会产生枯燥乏味等不良的心理反应。

③ 人们身处异境，加上地下空间的"无意识"消极作用，不少人可能会产生幽闭恐惧、令人窒息等心理阴影，这是引起人们心理障碍的又一原因。

④ 人们身在地下，担心水灾、火灾、断电、骚乱、战争等灾害降临，时时有种恐惧心理。

⑤ 因为地下空间是封闭的，因此其扩建和改造受到各种条件的限制。

综上所述，引起人们进入地下空间心理障碍的原因主要归结为以下两点：

① 习惯与非习惯空间的设计差异。人们习惯的外部空间实际上是人与自然进行"光合作用"的场所，是必不可少的，而如果在地下不能创造这种"外部空间"，人们则感觉不到已经习惯的"外部空间"的刺激。而根据人类经验证明，人们只有在"外部空

间"这种环境下，才能使人在生理和心理上达到最佳刺激效应，感到舒适，从而使人处在最适于肌体生理需要的环境内，情绪唤醒水平最佳，而在地下空间环境中，常引起消极心理作用。

②"无意识"的作用。人们即使在内部条件和地面传统建筑一样的条件下生活、工作，还是会产生各种各样的恐惧心理，这主要是由于人们脑子里已经有了地下环境的"心理地图"的"无意识"作用。

3. 消除途径

地下空间的开发是要创造出适宜人生活的人工环境。地下空间内部空气质量的好坏、入口部的处理、内部空间的布置分隔、色彩设计和自然景观的引入，都会直接影响这一人工环境的效果。若处理不好，将增加人们的心理障碍，破坏人们的生理机能。通过上述主要心理障碍因素的分析，要求在地下空间规划与设计方面需注意以下几点。

（1）入口部规划设计

根据弗洛伊德的精神分析理论，人的"无意识"状态是在人脑底层，一旦有某种诱发才能转变成意识"蹦"出来。人们对地下空间的消极"无意识"，是由于人们在体验、传说、宗教及神话中得到的，只要一想到"地下"，这种消极的"无意识"就会"跳"出来。要让人并不知道他在地下，并控制这种诱因，其关键的第一步就是地下空间的"口部"处理。

为了最大限度地消除对地下建筑的偏见及常伴随地下居住而生的恐惧感，最重要的是对建筑入口处进行精心的规划设计。其规划设计的主要方法是：通向地下的阶梯不是直接与口部相连，而是一种看起来不是为了进入地下空间而设置的。最普遍的方式是企图做出一种类似传统建筑入口的那种入口，在可能的情况下，在口部的前方设比例适当的外部空间，充当过渡区段。把这种入口设计在地面上，并且避免在入口近旁的外部或内部设置很多阶梯，无疑是最理想的，因为下降似乎产生某种消极的联想，而上升则更积极些。在日本许多地下商业街就是利用一些巧妙的设计手法，把入口处做成低位庭园，人们先步入低位庭园，再从敞开的门厅进入地下商业街，弱化了进入地下的感觉。

（2）地下建筑心理空间的创造

地下空间通过开"挖"的方式组成相应空间，其内部空间可分为实体空间和心理空间两类。实体空间的特点是空间范围较明确，各空间之间有比较明确的界限，私密性较强。心理空间的特征是空间范围不太明确，私密性不强，处于实体空间内，因此称为"空间里的空间"。

地下建筑心理空间既有实际作用，又有心理作用。一方面，它能为使用者提供相对独立的环境；另一方面，人们在地下空间内常有压抑感，心理空间能够改变人的观感，从而消除这种心理障碍。

（3）室内色彩

地下空间内部环境中，色彩占有重要的地位，经验证明，室内色彩能影响人们的情绪，使人欢快、兴奋或淡漠、安静。在减弱人们进入地下空间的心理障碍上，色彩将起到重要作用。大量研究表明，色彩具有明显的生理效果和心理效果。色彩的心理效果主要表现在两个方面：一是它的悦目性；二是它的情感性。悦目性就是可以给人以美感，情感性就是它能影响人的情绪、引起联想，乃至具有象征的作用。

不同的人，对于色彩的好恶是不同的，在不同的时期，人们喜欢色彩的基本倾向也有差异。另外，由于人的年龄、性别、文化程度、社会经历、职业以及美学修养的不同，色彩所引起的联想也是不同的。这种联想可以是具体的，也可以是抽象的，抽象的就是联想起某些事物的品格和共性。当然，色彩的联想作用还受历史、地理、民族、宗教、风俗习惯等多种因素的影响。色彩对人的生理具有较明显的作用。在地下建筑室内设计中，一般做法是把器物色彩的补色作为背景色，以消除视觉干扰，减少视觉错觉，使人视觉感官从背景色中得到平衡和休息。色彩的生理效果还对人的脉搏、心率、血压等具有明显影响。

（4）通风

众所周知，在地面自然环境中，空气、水、土壤和食物是自然环境的四大要素，都是人类和各种生物不可缺少的物质。其中空气居首，它与人体关系最为密切。例如，一个成人，每天通过鼻子呼吸空气2万多次。生命的新陈代谢也同样离不开空气。

空气环境的优劣直接影响人体的生存、生活和工作。由于地下空间是一个封闭的空间，几乎与外界环境隔绝，所以其内部存在着缺氧和一氧化碳中毒的危险。另外，因为周围介质地下水、裂隙水、施工水、生活水和人体散热等因素，相对湿度很高，利于细菌繁殖，直接对人体造成伤害；还会使生产设备、仪器锈蚀，影响生产和产品质量；再加上空气流动不畅，加剧了空气对人体的热作用等。以上这些，无论哪一点都会带来人体的不舒适感，甚至会影响健康、危及生命，这就需要通风设计来解除这一危险。由于地下建筑有围护结构，通风受到限制，主要靠可控制的开口部位，如通风道来实现。

通风可提供新鲜空气、排走污气、消除人和机器产生的热量，另外，通风换气还能改变相对湿度，对人体健康是必要的。具体规划设计时要做到以下几点。

① 保证空气中的氧气含量。正常空气的气体组成中，氧气的含量为21%，变动范围约为0.5%，它是人体呼吸作用和物质代谢不可缺少的条件。如果氧气含量低于17%，在室内工作活动的人就会感到呼吸困难；低于15%，人体会缺氧，呼吸、心跳急促，感觉及判别能力减弱，肌肉功能被破坏，失去劳动能力；在10%～12%时，人会失去理智，时间稍长就会有生命危险；在6%～9%时呼吸停止，不急救就会导致死亡。

② 尽量减少空气中CO_2和CO及尘埃的含量。CO俗称煤气，经肺、心脏进入血液，会使血红蛋白丧失运输氧气的功能，以致全身组织尤其是中枢神经系统严重缺氧，造成中毒。同样，吸入过量的CO_2也是有损健康的，当其浓度达10%～20%，人体死亡率将达到20%～25%。在地下空间中，存在的异味、人体体臭及过量的尘埃，也是引起人们不舒适的原因。由此而引起的危害也是不能低估的。

③ 处理好室内的温度。温度是表示空气冷热程度的指标，也是衡量空气环境对人和生产是否合适的一个十分重要的系数。地下建筑冬暖夏凉、温差小，但若处理不当，与室外温度不协调（夏天过低或冬天过高均不能及时散热），都可能影响人体健康。

④ 保持适当的相对湿度。相对湿度就是空气中实际所含水蒸气密度和相同温度下饱和水蒸气密度的百分比。一般空调工程常以相对湿度表示空气的干湿程度。它是衡量空气环境的潮湿程度对人员舒适感影响的重要指标，一般保持在40%～60%为宜。

⑤ 控制好室内空气的流速。室内的空气流动速度也是影响人体对流散热和水分散

发的主要因素之一。当气流速度大时，水分蒸发、散热随之增强，亦即加剧了空气对人体的冷作用；而当空气流速小时，效果正相反，加剧了热作用。如果超过一定限度，不管冷、热作用都会对身体产生不利影响。

⑥ 控制围护结构内表面的温度。周围物体表面的温度决定了人体辐射散热的程度。在同样的室内空气环境条件下，当围护结构内表面温度高时，会使人增加热感，而当表面温度低时，则会增加冷感。由于地下建筑壁面温度一般较低，尤其夏天温差很大，会对人体增加冷感，同时造成壁面结露，增加室内的湿源。如果没有处理好，将会增加人体在"地下"的不适感。

（5）自然景观

工业的发展、城市人口的集中和住房的拥挤，许多绿地被侵占，这就使人们与大自然越来越远了，特别是在地下建筑室内，人们常有置于地下的恐惧感和压抑感，人们更渴望周围有绿色的自然环境。因此，将自然景观引入室内已不再单纯是为了装饰，而是作为提高环境质量，满足人们心理需求所不可缺少的因素。

大自然中的许多景物如瀑布、小溪、花草树木等都可以使人联想到生命、运动和力量。在地下建筑室内设计中，把自然界的景物恰当引入室内，可以大为消除人们的心理障碍。这些自然景观主要有水体、山石、绿化、盆栽。如日本大阪的彩虹市，在地下空间的中心广场上设置了漂亮的喷泉，使顾客们如投身于大自然的怀抱，对人们起到了心理疏导的作用。

众所周知，地下建筑内部较为幽静，一定程度上这是其长处，然而，习惯于地面环境声的人们，一下子进入地下后，环境声的消失加重了他们心理上的封闭感。为此，地下建筑室内设计应适量引入大自然的环境声。

地下建筑室内设计中的声音，大部分来自流水和飞禽。除水声、鸟声外，近年来，国外不少设计师们在发掘其他声源方面也作了许多新的尝试，如日本的"音浴室"、印度的音乐楼梯等。

4 城市地下空间规划原理

4.1 城乡规划原理

1. 城乡规划的概念

我国对于城乡规划有两种提法，一种称为城市规划，一种称为城乡规划。城市规划是城乡规划的前身，是依据 1990 年《中华人民共和国城市规划法》而确定的，而到了 2008 年，我国颁布了本领域重要的法律《中华人民共和国城乡规划法》之后，城乡规划的名称才被统一确定下来，并于 2011 年成为一级学科。但是在当下的城市发展中，城市的规划类型和内容要远远超过乡村，所以很多学者也用城市规划来指代城乡规划，因此本书认为，两者具有同一属性，是同一名词。根据《〈中华人民共和国城乡规划法〉解说》中定义，城乡规划是各级政府统筹安排城乡发展建设空间布局，保护生态和自然环境，维护社会公正与公平的重要依据，具有重要公共政策的属性。多数学者和政界人士指出，城乡规划是一项全局性、综合性、战略性的工作，涉及政治、经济、文化和社会生活各个领域。

城乡规划是以促进城乡经济社会全面协调可持续发展为根本任务，可以有效促进城乡土地合理化使用为基础，促进人居环境的根本改善为目的，涵盖城乡居民点的空间规划。根据《中华人民共和国城乡规划法》的要求，城乡规划可以分为城镇体系规划、城市规划、镇规划、乡规划和村庄规划。城市规划、镇规划又可以分为总体规划和详细规划，详细规划分为控制性详细规划和修建性详细规划，如图 4-1 所示。

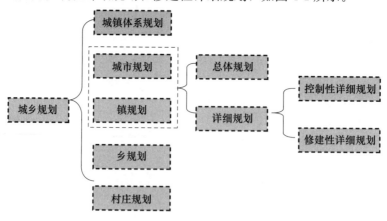

图 4-1　城乡规划体系图

《中华人民共和国城乡规划法》所确定的法定城乡规划体系，体现了一个突出特点，即一级政府、一级规划、一级事权，下位规划不得违反上位规划的原则。规划不能超越其行政辖区，也不能超越法定的行政事权。如果把城镇看作空间上的一个点，把国家、省、县看作空间上的一个面，则可把城市、镇、村庄的规划理解为对点上建设的管理，把国家、省、县的规划理解为是从面的层次上协调若干点上的建设开发活动。两方面的职责都是不可缺少的。

上级政府与下级政府之间，也同样存在点与面的关系。市县政府需要协调乡镇的发展，省（自治区）政府需要协调市县的发展，中央政府需要协调各省区的发展。各级政府都要从实施科学管理的需要出发，制定和实施本级政府的规划。国家、省、县要制定协调多个次一级行政地域单元空间发展的城镇体系规划，市、镇、乡要制定本行政区域的总体规划和详细规划。

2. 城乡规划的特点

（1）综合性

城市的社会、经济、环境和技术发展等各项要素既互为依赖又相互制约，城乡规划需要对城市的各项要素进行统筹安排，使之各得其所、协调发展。综合性是城乡规划的最重要特点之一，在各个层次、各个领域以及各项具体工作中都会得到体现。比如考虑城市的建设条件时，就不仅需要考虑城市的区域条件，包括城市间的联系、生态保护、资源利用以及土地、水源的分配等问题，也需要考虑气象、水文、工程地质和水文地质等范畴的问题，同时也必须考虑城市经济发展水平和技术发展水平等问题。城乡规划不仅反映单项工程涉及的要求和发展计划，而且还综合反映各项工程相互之间的关系。它既为各单项工程设计提供建设方案和设计依据，又统一解决各单项工程设计之间技术和经济等方面的种种矛盾，因而城乡规划和城市中各个专业部门之间需要有非常密切的联系。

（2）政策性

城乡规划是关于城市发展和建设的战略部署，同时也是政府调控城市空间资源、指导城乡发展与建设、维护社会公平、保障公共安全和公众利益的重要手段。因此，城乡规划必须充分反映国家的相关政策，是国家宏观政策实施的工具。城乡规划中的任何内容，无论是确定城市发展战略、城市发展规模，还是确定规划建设用地，确定各类设施的配置规模和标准，或者城市用地的调整、容积率的确定或建筑物的布置等，都会关系到城市经济的发展水平和发展效率、居民生活质量和水平、社会利益的调配、城市的可持续发展等，是国家方针政策的全面体现。

（3）公平性

城乡规划涉及城市发展和社会公共资源的配置，需要代表广大人民的利益。由于城市规划的核心在于对社会资源的配置，因此城乡规划就成为社会利益调整的重要手段。城乡规划应该能够充分反映城市居民的利益诉求和意愿，保障社会经济的协调发展，使城乡规划过程成为市民参与规划制定和动员全体市民实施规划的过程。

（4）实践性

城乡规划是一项社会实践，是在城市发展过程中发挥作用的社会制度。因此规划需要解决城市发展中的实际问题，这就需要规划因地制宜，从城市的实际状况和能力出发，保证城市的持续有序发展。城乡规划是一个过程，需要充分考虑近期的需要和长期的发展，保障社会经济的协调发展。

4.2 城市地下空间规划的概念

城市地下空间规划是行政决策的一种，是一种人类有意识的努力，每一个规划都是一种行动的纲领，具有三个主导因素，即目的、方法和结果。从总体上考量，规划包括三个过程，即确定目的，选择达成目的方法，使目的得以实施。规划之所以出现和存在，从根本上源于人类的本性。

城市地下空间开发在现代城市建设和发展中有着重要的现实意义，实践中已经成为城市建设必不可少的重要内容之一，而且从发展趋势上看，地下空间开发的强度会变得越来越大。与上述情况相对应，城市地下空间开发规划也变得日益常见和重要，向地下空间开发领域延伸也成为历史的必然，规划是否合理、科学会直接决定着地下空间开发的成效。

从法律和内容的角度界定，城市地下空间规划是对城市规划区范围内地下空间的所有资源，由规划师对未来发展和建设活动进行科学、合理的安排，具有明显的政策性和实施性。可以说，城市地下空间规划是城乡规划的重要组成部分，属于专项规划的内容。《中华人民共和国城乡规划法》第33条规定："城市地下空间的开发和利用，应当与经济和技术发展水平相适应，遵循统筹安排、综合开发、合理利用的原则，充分考虑防灾减灾、人民防空和通信等需要，并符合城市规划，履行规划审批手续。"根据该条规定，显然把城市地下空间规划纳入了城乡规划的范畴。

《城市地下空间开发利用管理规定》第5条规定："城市地下空间开发利用规划是城市规划的重要组成部分。各级人民政府在组织编制城市详细规划时，应当依据城市地下空间开发利用规划对城市地下空间开发利用作出具体规定。各级人民政府在编制城市详细规划时，应当依据城市地下空间开发利用规划对城市地下空间开发利用作出具体规定。"该条规定更为明确地表明了城市地下空间规划是城乡规划的一部分，而且是"重要"组成部分。

上述两个法律文件都是全国范围内有效的，其中，《中华人民共和国城乡规划法》是全国人大常委会制定的法律，《城市地下空间开发利用管理规定》是住房城乡建设部制定的部门规章。除此之外，一些地方制定的法律文件也明确规定了城市地下空间规划属于城乡规划的组成部分，应该符合城乡规划的要求，《天津市地下空间规划管理条例》第4条规定："地下空间规划是城市规划的重要组成部分。地下空间规划应当符合城市总体规划的要求，并与其他专业规划相互衔接。"《深圳市地下空间开发利用暂行办法》第6条规定："地下空间开发利用应当在城市总体规划的基础上进行专项规划。地下空间开发利用专项规划应当落实城市总体规划和土地利用总体规划关于地下空间开发利用的强制性规定，应当结合人民防空工程规划进行，并体现竖向分层立体综合开发、横向相关空间连通、地面建筑与地下工程协调配合的原则。市政府制定本市城市规划、城市和建筑设计的规范和准则时，应当体现地下空间开发利用的有关内容，作为编制城市规划和实施规划许可的主要技术依据。"

《西安市地下空间开发利用管理办法》对地下空间规划有专章说明，第2章规定："城市地下空间开发利用规划纳入城市总体规划，并充分协调土地利用规划、文物保护规划、交通规划、人民防空规划、消防规划、地下管线规划等其他专业规划。城市地下空间开发利用规划的编制应力求网络化、立体化、综合化、舒适化，并充分注重生态环境、城市轨道交通建设条件、地面建筑与地下工程的协调配合，坚持因地制宜，远近兼顾，分步实施，实行竖向分层、横向连通的立体综合开发利用。市规划管理部门在编制控制性详细规划时，应落实城市地下空间开发利用规划在该区域内安排的地下防护或非防护空间的范围、使用性质、建设项目、数量，发挥土地资源的最大利用率。新建、改建、扩建城市主干道路时，符合技术安全标准和条件的，应优先采用共同沟技术敷设地下管网。"

因而，无论是全国适用还是地方制定的城市地下空间规划法律文件中基本上都明确了城市地下空间规划是城乡规划的一部分，在编制城乡规划时都应该充分考虑城市地下空间开发的需求，在城市化的背景下，这有助于人们对于城市地下空间规划重要性的认知。

综合以上分析，城市地下空间规划是在城市总体规划的基础上，各级人民政府或城市规划建设主管机关为城市地下空间的开发建设所擘画的蓝图，并通过各种手段保证其得以实施的活动。

4.3　城市地下空间规划的特性

1. 城市地下空间规划的制定主体是行政机关

城市地下空间规划作为行政规划的一种是由各级人民政府或负责城市规划建设的行政机关制定的，这一点可以充分说明城市地下空间规划的公共政策属性。对此，相关的立法一般都有明确的规定。地方性立法如《天津市地下空间规划管理条例》第7条规定："本市地下空间总体规划，由市城乡规划主管部门依据本市城市总体规划组织有关部门编制，报市人民政府审批。滨海新区的地下空间总体规划，由市城乡规划主管部门会同滨海新区管理机构依据本市地下空间总体规划组织编制，报市人民政府审批。滨海新区、中心城区、环城四区以外的其他地区的地下空间总体规划，由所在区、县人民政府依据本市地下空间总体规划组织编制，经市城乡规划主管部门综合平衡后，报市人民政府审批。"同时，该法第8条规定："在地下空间总体规划确定控制的区域内，应当编制控制性详细规划。中心城区、环城四区的地下空间控制性详细规划，由市城乡规划主管部门组织编制，报市人民政府审批。滨海新区的地下空间控制性详细规划，由滨海新区城乡规划主管部门组织编制，市城乡规划主管部门会同滨海新区管理机构审批，报市人民政府备案。其他地区的地下空间控制性详细规划，由区、县城乡规划主管部门组织编制，经区、县人民政府征求市城乡规划主管部门意见后审批，报市人民政府备案。"

2. 城市地下空间规划的对象是地下空间

城市地下空间规划是针对城市规划区内地下空间的开发建设。在这其中有两点必须强调：一是必须在城市规划区内。非城市区域如乡村等也可能会存在地下空间的建设，虽然这种情况一般比较少见，但其不在城市规划区内，故而并非城市地下空间规划所涵盖的对象。二是开发建设必须位于城市规划区内地表以下的空间。城市地表以上空间内所做的开发建设应该由一般性的城乡规划进行调控，它和城市地下空间规划一起组成了整体意义上的城市规划。《城市地下空间开发利用管理规定》第2条规定："本规定所称的城市地下空间，是指城市规划区内地表以下的空间。"《天津市地下空间规划管理条例》第2条第2款也有类似的规定，具体为："本条例所称地下空间，是指本市行政区域内由城市规划控制开发利用的地表以下空间。"

3. 城市地下空间规划的目标是擘画蓝图

城市地下空间规划是对城市地下空间开发建设擘画的蓝图，其设定的目标具有未来性的特点，同时，为了实现设定的目标，要综合运用各种手段。由于城市地下空间开发建设位于地下，因此其建设的长期性和锁定性，决定了其设定的目标一定既要有前瞻性，又要有科学性，与此同时，要求实施中采取的手段要具有有效性，以避免因实施不当而造成地下空间资源的浪费。

目标设定性和手段综合性是规划的两个重要因素。就目标设定而言，规划是以有效达成目标作为重点的，整体的目标内包括了许多复杂、多元的小目标，由概括的上位目标到具体的下位目标，构成了一个完整而有层次的体系。由于城市地下空间开发建设位于地下，具有较强的不可逆性，即具有建设后难以恢复的特性，为保证规划内容的前瞻性、科学性和目标实现的可能性，对城市地下空间开发建设可行性一定要进行充分的评估，必须在合理预测的前提下，分析未来地下空间开发中可能遇到的问题，并事先提出预防的方案。但是这种设计和预测不是凭空进行的，必须要立足于对现实条件的全面了解，是基于对现实情况的全面、准确地把握而对未来的一种谋划、部署或者展望。对于客观情况的调查和掌握应该全面、准确，要在充分调查研究、积累大量资料和数据的基础上，运用科学的方法和手段，对资料进行分析、研究，为制定城市地下空间规划提供充分的条件。通过对于客观事实的调查研究，可以最大限度地避免头脑发热而制定一些不切实际的地下空间规划。

4. 城市地下空间规划的编制是客观合理

城市地下空间规划编制并颁布后并非一成不变，可以根据未来客观情况的发展而变更，但是相对于城市地表、地上空间规划，一般来说，地下空间规划变更的概率会小一些，规模也会小得多。

规划是对未来目标的设定，基于人类预测能力的有限性，设定的目标很可能会根据未来情况的发展而进行调整，城市规划也不例外。规划随着未来的环境发生变化，并非对规划本身的不尊重，而是人类自身对于未来的不确定性和不可知性所决定的，是正常的。由于外部的条件、环境、人类价值标准的不断转变，与其耗费庞大的人力、物力去期待一个详细而完美的规划，还不如一个留有些许余地、不十分完美、将来可以修正的规划。亦即在新概念下，富有弹性的规划方可称为优良的规划。

4.4 城市地下空间规划的类型

从类型上来讲,城市地下空间规划可以分为城市地下空间总体规划和详细规划,后者又可以细分为控制性详细规划和修建性详细规划。一般来讲,城市地下空间总体规划和详细规划会分开编制,体现为不同的规划文本,但有的城市有时也会把城市地下空间总体规划和详细规划编制在同一个规划文本之中。从总体上来看,城市地下空间总体规划属于城市发展战略层面的规划,而城市地下空间详细规划属于建设控制引导层面的规划。一般来讲,城市发展战略层面的规划主要是研究确定城市发展目标、原则、战略部署等重大问题,它所表达的意志主要是政府对于城市空间发展战略方向的展望和定位,而建设控制引导层面的规划是在服从城市战略发展方向的基础上,对局部空间的未来开发利用所作的安排、设计。但应该看到,建设控制引导层面的规划对城市发展战略层面规划的服从并不是绝对的,因为规划的目标是实现未来的蓝图,随着客观情况的变化,建设控制引导层面的规划也可以依法对上一层面的规划进行调整。

城市地下空间总体规划主要是对城市地下空间开发的战略方向、总体布局以及发展目标等进行全局性的、长远的谋划,包括综合研究和确定城市地下空间开发规模、统筹安排地下空间利用、处理好近期和远期开发的关系等,以便从总体上对城市地下空间详细规划的编制进行规制并提供编制依据。如根据《上海市地下空间规划建设条例》第9条第2款的规定:地下空间总体规划的内容应当包括:"地下空间开发战略、总体布局、重点建设范围、竖向分层划分、不同层次的宜建项目、同一层次不同建设项目的优先顺序、开发步骤、发展目标和保障措施。"

城市地下空间详细规划是在城市地下空间总体规划的基础上,对城市地下空间局部地区的空间利用、生态环境和各建设项目等所作的具体安排。城市地下空间详细规划可细分为控制性详细规划和修建性详细规划,前者是指以城市地下空间总体规划为依据,详细规定城市地下空间开发的各项控制性指标和其他规划管理要求的规划;后者是指以城市地下空间总体规划和控制性详细规划为依据,直接对建设项目作出具体的安排和规划设计,并为下一层次建筑设计等提供依据的规划。城市地下空间详细规划规定的内容是比较具体和明确的,如根据《上海市地下空间规划建设条例》第10条的规定:"编制涉及地下空间安排的控制性详细规划,应当明确地下交通设施之间、地下交通设施与相邻地下公共活动场所之间互连互通的要求。市人民政府确定的重点地区的控制性详细规划,还应当对地下空间开发范围、开发深度、建筑量控制要求、使用性质、出入口位置和连通方式等作出具体规定。其他地区的控制性详细规划可以参照重点地区对地下空间的规划要求作出具体规定。"

我国有的城市把城市地下空间规划作为城市规划的专项规划,并区分为"全市性地下空间开发利用专项规划"和"城市重要地区的地下空间开发利用专项规划",具体规定了不同专项规划的内容,从有些城市的实践来看,"城市重要地区的地下空间开发利用专项规划"基本上会等同于城市地下空间总体规划,而"城市重要地区的地下空间开发利用专项规划"基本上会等同于城市地下空间详细规划。如《深圳市地下空间开发利用暂行办法》第 7 条规定了全市性地下空间开发利用专项规划的内容，具体为："全市性地下空间开发利用专项规划由规划主管部门依法组织编制。全市性地下空间开发利用专项规划应当包括以下内容：（一）地下空间的现状和资源分析；（二）地下空间开发利用的需求预测；（三）地下空间开发利用战略；（四）地下空间开发利用的层次和内容；（五）地下空间开发利用的规模和布局；（六）地下空间利用的人民防空要求；（七）地下空间利用中环境保护特殊要求和保障措施；（八）地下空间开发利用的步骤；（九）其他相关内容。

该办法第 9 条规定了城市重要地区的地下空间开发利用专项规划的内容，具体为："规划主管部门和相关主管部门组织制订城市重要地区的地下空间开发利用专项规划，具体规定城市重要地区地下空间的开发、利用和管理。城市重要地区地下空间开发利用专项规划应当遵照城市总体规划和全市性地下空间开发利用专项规划的相关要求，并明确规划区内地下空间的开发范围、使用性质、平面及竖向布局、出入口位置和连通方式等内容。法定图则、城市设计、详细蓝图或者其他专项规划对地下空间开发利用有具体规定的从其规定。"根据前面所述，该办法第 7 条规定的实质上是城市地下空间总体规划的内容，第 9 条规定的实质上是城市地下空间详细规划的内容。因此，即使把城市地下空间规划作为城市规划的专项规划，其基本组成依然是城市地下空间总体规划和详细规划。

4.5 城市地下空间规划的作用

地下空间规划是对地下空间资源开发利用的约束、规范及引导，体现了城市发展对地下空间资源更合理、有序、高效、可持续开发的客观要求。

地下空间规划的主要任务，是对一定时间阶段内的城市地下空间开发利用活动提出发展预测、确定发展方向和利用原则，引导和约束地下空间的开发功能、规模、布局，并对各类地下空间设施进行综合部署和统筹安排。具体可概括为以下几个方面。

1. 约束、规范及引导地下空间建设活动

地下空间开发建设与城市地面开发不同，地下空间的开发受岩土介质制约，具有极强的不可逆性，建成后改造及拆除困难。同时地下工程建设的初期投资大，而环境、资源、防灾等社会效益体现较慢，又很难定量计算。决定地下空间规划需要以更加长远的眼光立足全局，对地下空间资源进行保护性开发，合理安排开发层次与时序，并充分认识其综合效益。因此，需要对其开发建设活动进行前期统筹、综合规划，并对其发展功能、规模、布局进行约束及规范，避免对城市地下空间资源和环境造成不可逆的负面影响。

2. 协调平衡城市地面、地下空间建设容量

地下空间与地面空间共同构成城市生活与功能空间，地下空间规划要对城市发展模式进行革新，使城市地上、地下统筹利用建设，平衡上下空间发展容量，将基础设施空间及不需要人类长期生活的设施空间，尽可能置于地下，以改善城市地面建设环境，更

多地把阳光和绿地用于人居生活，使城市发展功能在地上、地下得以重新分配和优化，使地上、地下建设容量平衡，使城市可持续健康发展。

3. 城市地下空间开发建设管理的技术依据

地下空间规划与城市规划一致，是一种城市管理的公共政策，地下空间规划是城市规划的重要组成部分，是地下空间建设活动的约束手段，也是地下空间开发利用管理、制定管理政策的技术依据。

4.6　城市地下空间规划的原则

1. 开发与保护相结合原则

城市地下空间规划是对城市地下空间资源作出科学合理的开发利用安排，使之为城市服务。在城市地下空间规划过程中，往往会只重视地下空间的开发，而忽略了对城市地下空间资源的保护。

城市地下空间资源是城市重要的空间资源，从城市可持续发展的角度考虑城市资源的利用，是城市规划必须做到的。因此，城市地下空间规划应该从城市可持续发展的角度考虑城市地下空间资源的开发利用。

保护城市地下空间资源要从多个方面考虑。首先，由于地下空间开发的不可逆性，在城市地下空间开发时，开发的强度应满足实际要求，避免将来城市空间不足时，再想开发地下空间时无法利用。其次，要对城市地下空间资源有一个长远的考虑，在规划时，要为远期开发项目留有余地，对深层地下空间开发的出入口、施工场地留有余地。最后，在现在城市地下空间规划时，往往把容易开发的广场、绿地作为近期开发的重点，而把较难开发的地块放在远期或远景开发，实际上目前越难开发的地块，随着城市建设的不断展开，其开发难度会越来越大，有的可能变得不可开发。因此，在城市地下空间规划时，应尽可能地将有可能开发的地下空间尽量开发，而容易开发的地块要适当考虑将来城市发展的需要，这也符合城市规划的弹性原则。

2. 地上与地下相协调原则

城市地下空间是城市空间的一部分，城市地下空间是为城市服务的。要使城市地下空间规划科学合理，就必须充分考虑地上与地下的关系，发挥地下空间的优势和特点，使地下空间与地上空间形成一个整体，共同为城市服务。

地上、地下空间的协调发展不是一句空话，在城市地下空间规划时，首先在地下空间需求预测时就应将城市地下空间作为城市空间的一部分，根据地上空间、地下空间各自的特点，综合考虑城市对生态环境的要求、城市发展目标、城市现状等多方面的因素提出科学的需求量。其次，在进行城市地下空间功能布局时，不要为了开发地下空间而将一些设施放在地下，而是要根据未来城市对该地块环境的要求，充分考虑地下空间的优势、地面空间状况、防灾防空的要求等方面的因素来确定是否放在地下。

3. 远期与近期相呼应原则

由于城市地下空间的开发利用相对滞后于地面空间的利用，同时城市地下空间的开发利用是在城市建设发展到一定水平，因城市出现问题需要解决，或为了改善城市环境，使城市建设达到更高水平时才考虑的，因此，在城市地下空间规划时，有长远的观念尤为重要。城市地下空间规划必须坚持统一规划、分期实施的原则。

另一方面，城市地下空间的开发利用是一项实际的工作，要使地下空间开发项目落到实处，就必须切合实际，因而在进行城市地下空间规划时，近期规划项目的可操作性就显得十分重要。因此，城市地下空间规划，必须坚持远期与近期相呼应的原则。

4. 平时与战时相结合原则

城市地下空间本身具有抗震能力强、防风雨等防灾功能，具有一定的抗各种武器袭击的防护功能。城市地下空间可作为城市防灾和防护的空间，平时可提高城市防灾能力，战时可提高城市的防护能力。为了充分发挥城市地下空间的作用，就应做到平时防灾与战时防护相结合，做到一举两得，实现平战结合。

城市地下空间平时与战时相结合有两个方面的含义：一方面，在城市地下空间开发利用时，在功能上要兼顾平时防灾和战时防空的要求；另一方面，在城市地下防灾防空工程规划建设时，应将其纳入城市地下空间的规划体系，其规模、功能、布局和形态应符合城市地下空间系统的形成。

5. 功能与结构相统一原则

地下空间的开发利用是从地面向地下、二维向三维延伸的过程，发展到了复杂的地下商业街、地下综合体和地下商城。同时，地下市政设施也从地下供排水管网发展到地下大型供水系统、地下大型能源供应系统、地下大型排水及污水处理系统、地下生活垃圾综合处理系统、地下综合管线廊道以及图书馆、会议展览中心、体育馆、音乐厅及大型实验室等文教科技设施，地下物质储存和工业生产已发展到深部地下。

显然，随着地下空间功能的增加，对地下空间结构的要求也越来越高。地下空间的功能不同，所要求的空间结构不同。结构必须满足功能的要求。也就是说，在进行地下空间规划和设计时，必须根据地下空间的功能要求来规划和设计结构，即功能决定结构。同时，结构也要满足不同功能变化的需求，在进行结构的规划设计时，尽可能满足多功能需要。地下空间结构不仅要满足不同功能单元的局部结构需求，而且在整体上必须协同一致，达到局部与总体的协调、稳定。地下空间结构与功能的协同，主要表现在地下空间的结构形态、形体与空间功能，空间结构立面、平面布置与其功能相协同。

5 城市地下空间规划方法

5.1 资料收集方法

基础资料收集是一切规划的前提条件和关键，是规划科学与否的保障。基础性资料包括：对已开发的地下工程和尚未开发利用的地下空间资源进行地质与水文条件、地形条件、气候条件、地上城市建设现状、地下空间利用现状、城市总体规划、城市各专项规划、城市详细规划、城市地下空间开发利用的民意调查等。

一般资料收集方法分为实验法、观察法、文献法、问卷法和访谈法。实验法是通过现场或实验室采集数据的方法，获得研究对象的相关数据。该法所得数据非常客观，但仅局限于某一方面，且受到技术手段的限制，不同检查方法可能得出不同的结果，花费的人力、物力和财力较大。观察法通过对事件或研究对象的行为进行直接观察来收集数据，这是收集非语言行为资料的主要技术。文献法则是通过文献的阅读和总结，获取相关信息和数据。文献多种多样，有一些是第一手资料，即由曾经经历过某一事件的人撰写的；另一些是第二手资料，即由那些未经过某一事件，而是通过访问或阅读第一手资料的人撰写的。

问卷法是常见的获取数据和信息的方法，在用于收集非实验数据或社会信息时采用。问卷法可以将被调查者集中起来，要求在规定的时间内自行完成问卷，也可以通过邮寄的方式或其他分送手段，将问卷送交被调查者手中自行填写，然后寄回调查者。后者被称为信访法，由于花费小、耗时少，信访调查的范围可以很广。但是，因为缺少调查员的督促，与访谈法相比，信访法的灵活性较差，问卷回收率较低，很难保证调查样本的代表性。自填式问卷对问题的难度和研究对象的水平等均有一定的限制和要求。

访谈法则通过调查人员与被调查对象面对面或电话交谈，以获取所需资料的方法。常用的方式有三种：①结构式访谈。调查人员根据事先设计好的问卷，逐条询问被调查者的方法叫作结构式访谈，又名访谈式问卷调查。②半结构和非结构式访谈。调查者根据研究的主题，提出要了解的主要问题，然后与知情者进行交谈，在调查中不是依照事先提出的问题按部就班地提问，而是根据被调查者的反应情况，随时提出一些新的问题，逐步深入主题。③专题小组讨论。专题小组讨论是一个小组的调查对象，在一个主持人的带领下，根据研究目的，围绕着某个主题，进行自由和自愿的讨论。结果只能进行定性分析。

5.2 资源评估方法

城市地下空间是城市的自然资源，对地下空间资源进行评估是城乡规划中新出现的自然条件和城市建设适建性评价的延伸和发展，即对地下空间建设的自然条件与土地资源适建性评价，表现为开发条件的可行程度与开发潜力的综合评估。

地下空间资源开发利用的适宜性受两类因素影响：一类是受基础自然条件的影响和制约，另一类是受地面空间利用状况和已利用的地下空间现状的影响和制约。地下空间资源的综合质量是自然条件与社会经济需求条件的总体反映。

（1）基于自然条件的地下空间适宜性评价指标体系

地下空间自然条件评价要素集包含：地形地貌、地质构造、岩土体条件、水文地质条件、不良地质及地质灾害等几类。对每类要素进行提炼整理，分别形成相应的评价指标，构成基于自然条件的地下空间适宜性评价指标体系。

（2）基于社会经济条件的地下空间适宜性评价指标体系

地下空间社会经济评价要素集包含：城市及地下空间利用现状、城市人口密度、交通状况、土地利用状况、市政及防灾设施状况、历史文化保护、城市空间管制等。对每类要素进行提炼整理，分别形成相应的评价指标，构成基于社会经济条件的地下空间适宜性评价指标体系。

（3）地下空间资源综合质量评价体系

地下空间资源综合质量，是由基本质量评价结果和潜在价值评估结果根据权重参数进行求和的综合指标，用以度量地下空间资源在自然条件、工程条件和社会经济需求条件下的总体价值或适用性等级。

5.3 需求预测方法

地下空间开发利用的规模与城市发展对地下空间的预测量有关。地下空间预测量取决于城市发展规模、社会经济发展水平、城市的空间布局、人们的活动方式、信息等科学技术水平、自然地理条件、法律法规和政策等多种因素。

1. 分功能预测法

（1）核心内容

一般来说，城市地下空间开发包括交通系统、公共设施系统、居住设施系统、市政公用设施系统、工业设施系统、能源及物资储备系统、防灾与防护设施系统等功能空间。其中，地下交通系统又包括地下的轨道交通系统、道路系统、停车系统、人行系统和物流系统等。而地下公共设施则包括地下的商业、公共建筑等。地下公共建筑的功能性质包括行政办公、文化娱乐体育、医疗卫生、教育科研等。地下市政公用设施系统则包括地下的供水系统、供电系统、燃气系统、供热系统、通信系统、排水系统、固体废弃物排除与处理系统等。

　　根据不同城市或城市不同地区的特点，预测出其地下空间开发的特点和功能类型，再分别预测出地下交通、地下公用设施、地下市政基础设施的分项需求，加总求和得出总规模，并与预测得出的地下空间开发需求总量对照，互为校验。

　　（2）方法评析

　　该方法考虑的地下空间影响因素还是很充分的，但地下空间的需求总量只是一个简单的求和，未考虑因素与因素之间的相互关系，且这种关系是非线性的，不能用简单的数学公式来表达，同时该方法可操作性较差，难以真正结合城市发展的真实需要。

2. 分系统预测法

　　该系统的合理思路是基于单系统划分，对各系统分别进行需求预测，再对各系统需求量求和，即可得到城市地下空间的总体需求量。对单系统的需求预测，使用数学模型最为直接有效，此时可采用单项指标标定法，针对各系统的需求机制，选用合适的需求强度指标作为预测模型的参数。基于这一思路，提出分系统的城市地下空间需求预测框架体系。

　　在指标与预测模型设计方面，指标直接作为单系统预测模型参数。该方法中各单系统指标如下：居住区地下空间可采用人均地下空间需求量作为指标；公共设施、广场和绿地、工业仓储区均可采用地下空间开发强度（地下空间开发面积与用地面积的比值）作为指标；轨道交通、地下公共停车系统、地下道路及综合隧道系统、防空防灾系统、地下战略储库均有相关规划前提，必须根据相关规划指标估算。最后采用相应的模型，将各个指标进行叠加，即可得到系统的指标数值。

5.4　空间管制方法

1. 空间管制分区

　　地下空间管制，是城市空间管制在地下空间开发利用管理方面的延伸。针对城市不同区域位置的地下空间开发，制定不同的管制措施，使地下空间的开发符合城市发展的实际需要。

　　按照城市空间管制的基本分区概念，可以参考城市地上空间管制方法，将地下空间开发从总体上划分为四类区域，分别为：地下空间禁止建设区、地下空间限制建设区、地下空间适宜建设区和地下空间已建设区。

　　（1）地下空间禁止建设区

　　确定自然生态保护核心区，一级水源保护区，生态湿地保护区，生态农业保护区，局部不良地质区，地下文物埋藏区，国家级、省、市级文物保护单位，部分城市特殊用地，作为地下空间禁止建设区。

　　（2）地下空间限制建设区

　　确定一般性山体林地、一般性水体、城市近期发展备用地，作为地下空间限制建设区。

　　（3）地下空间适宜建设区

　　除禁止建设区、限制建设区以外的大部分地区，均为地下空间适宜建设区。内部可划分为四类管制分区，从一类到四类管制严格程度依次降低。

（4）地下空间已建设区

已经进行地下空间开发利用的区域。

2. 空间管制导则

针对地下空间不同管制分区，提出管制导则，便于对地下空间开发利用的管理。

（1）地下空间禁止建设区

区内原则禁止一切地下空间的开发利用活动。

（2）地下空间限制建设区

区内原则禁止大规模地下空间开发，单项地下空间设施建设必须严格进行环境地质条件评价及制定工程安全措施。

（3）地下空间适宜建设区

① 地下空间一类管制区。对静态停车设施的地下化建设进行严格控制；配建停车平均地下化比率不低于80%，公共停车平均地下化比率不低于50%。

对动态交通设施的地下化建设进行引导性控制。

对新建市政厂站设施及环卫设施的地下化建设进行严格控制；对已建市政厂站设施改造进行引导性控制。

引导开发兼备交通功能的地下公共服务设施，对非兼顾交通功能的地下公共服务设施开发进行严格控制。

对"结建"指标进行严格控制，并积极引导开发公共人防工程。

积极引导地下空间互连互通式发展，建设地下人行及车行连通道设施或预留接口。

对远景重大轨道交通、地下道路、综合管廊设施选址道路下地下空间资源开发进行严格控制。先期开发其他地下设施时需进行与远期设施协调建设的技术论证。对城市公共绿地广场下空间资源开发进行严格控制。

制定地下空间控制性详细规划，并绘制法定图则。

② 地下空间二类管制区。对静态停车设施的地下化建设进行严格控制，配建停车平均地下化比率不低于60%，公共停车平均地下化比率不低于30%。

引导开发兼备交通功能的地下公共服务设施，对非兼顾交通功能的地下公共服务设施开发进行严格控制。

对"结建"指标进行严格控制，并积极引导开发公共人防工程。

对远景重大地下道路、综合管廊设施选址道路下地下空间资源开发进行严格控制，先期开发其他地下设施时需进行与远期设施协调建设的技术论证。对城市公共绿地广场下空间资源开发进行严格控制。

③ 地下空间三类管制区。对静态停车设施的地下化建设进行严格控制，配建停车平均地下化比率不低于60%。

引导开发兼备交通功能的地下公共服务设施，对非兼顾交通功能的地下公共服务设施开发进行严格控制。

对结建指标进行严格控制，并积极引导开发公共人防工程。

④ 地下空间四类管制区。对危险品储藏，重大能源、环卫、有放射性或污染性市政设施，其关键性功能进行地下化建设控制。

（4）地下空间已建设区

对已经建成的项目进行归档、调查，摸清家底，明确已建项目的使用效果，并进行科学评估。

对长期使用不合理、不科学的已建项目，建立更新档案库，实施地下空间更新。

5.5 绩效评估方法

绩效评估是针对政府等公共组织而言的，是指采用一定的科学评估手段，设定规范的评估方法，对评估内容的效率、能力、质量、责任和价值等进行评定，以提高公共行政资源使用的效能，完善公共责任的机制。城市地下空间规划作为政府公共政策的重要组成部分，有必要对其进行绩效评估。

经常使用的绩效管理方法有四种，分别为包括目标管理法、关键绩效指标法、方针管理法和平衡计分法。

1. 目标管理法

目标管理法的概念最早由著名的管理大师德鲁克于 1954 年在其名著《管理实践》中提出。所谓目标管理，是一种程序或过程，即组织中的上、下级一起协商，根据组织的使命确定一定时期内组织的总目标，由此决定上、下级的责任和分目标，并把这些目标作为组织经营、考核和奖励的标准。目标管理的指导思想是以管理理论为基础的，即认为在目标明确的情况下，人们能够对自己的行为负责。目标管理法是众多国内外组织进行绩效管理的最常见的方法之一。其主要程序包括目标设定、完成时间、结果与目标比较、新目标的设定四步。

2. 关键绩效指标法

关键绩效指标法是通过对组织内部的输入、过程、输出的价值流程进行绩效衡量的一种提纯化目标量化管理，是把企业的战略目标分解为可操作工作目标的工具，是绩效管理的基础。关键绩效指标法符合一个重要的管理原理——"80/20"。组织在价值创造过程中，存在着"80/20"的规律，即 20％的骨干人员创造企业 80％的价值；而且在每一位员工身上，"八二原理"同样适用，即 80％的工作任务是由 20％的关键行为完成的。因此，必须抓住 20％的关键行为，对之进行分析和衡量，这样就能抓住绩效管理的重点。

3. 方针管理法

方针管理法的理念由日本石桥轮胎公司在 1965 年提出，又称为政策管理法、发展管理法、规划管理法等。方针管理法就是一套综合了组织使命、经营理念、组织价值、远景、方针、目标、策略、方案、执行计划以及组织资源的全面管理系统。方针管理涵盖策略规划与年度方针展开两个层面。策略规划层面是从总部经营理念、使命、范围、政策至远景的形成，经由环境与趋势分析制定中长期策略规划而成为全组织的基本方针；年度方针展开层面是根据经营方针制定事业单位或组织年度目标展开，各机能与各部门根据上一阶段的目标逐级展开到执行计划的负责人，据此将策略依序展开到行动对策与战术上。方针管理是要在维持现状到某阶段后再打破现状，向更高的目标跃进的管理方法。因此，须将日常管理做好，稳定维持现有实力后，再进行方针管理以打破现状，使组织整体水平提高。

4. 平衡计分法

平衡计分法是 1992 年由美国著名管理机构的卡普兰与诺顿二人所提出的战略性绩效管理模型。平衡计分法将经营者所思考的愿景以学习成长、流程、顾客、财务四个层面来考核，并有效地展开到各部门，使愿景转换为具体的关键绩效指标，与各部门的日常业务互相结合。在绩效评估的指标运用方面，长期以来，以财务信息及其衍生而来的种种财务比率是最常见的绩效指标。然而，财务指标所显示的企业营运表现属于落后指标，并无法反映当前的价值创造活动。因此，诺顿设计了平衡计分卡，希望绩效指标能够由四个层面回答四个不同的问题：

目标对象如何看待我们？（使用者的观点）

我们应该在哪里取得优势？（内部流程的观点）

我们是否能持续进步并创造价值？（学习与成长的观点）

财务部门如何看待我们的表现？（财务的观点）

经由四个方面而不是某一方面的均衡发展，平衡计分法除了提供已完成结算的财务性指标之外，同时还以使用者的观点、内部流程的观点、学习与成长的观点，补足财务性落后指标的不足，使得组织或者项目能够做到事中与事后管理，进而提升未来的整体绩效。

6 城市地下空间开发评估

6.1 资源评估

1. 城市地下空间资源

地下空间已被视为人类所拥有的、至今为止尚未被充分开发的一种宝贵自然资源，开发利用地下空间是开拓新的生存空间较为现实的途径，因此，人们只有采用多种途径和措施来提高城市地下空间的开发效率，才能摆脱目前城市发展的困境，促进城市的健康发展。

1981 年 5 月，联合国自然资源委员会正式将地下空间列为自然资源。1991 年，《东京宣言》指出，地下空间资源是城市建设的新型国土资源，它是自然资源之一，是土地资源向下的延伸，与其他国土资源（如矿产资源、水资源）一样，是人类赖以生存和发展的基础。

因此，地下空间资源实际上是指可利用的已开发和未开发的地层空间范围内，实在的和潜在的空间场所的总称。地下空间资源可包括 3 个方面的含义：一是天然存在的地下空间资源的总量；二是在一定的技术条件下可供合理开发的地下空间资源总量；三是在一定的历史时期内可供有效利用的地下空间资源总量。

为了科学认识、评估、规划、开发、利用和管理地下空间资源，需要充分认识地下空间的自然资源属性，与自然资源对比，地下空间资源特性如下：

① 稀缺性和有限性。这是自然资源的固有特性。地下空间作为受地质环境和经济技术水平制约的自然空间，同样不可能无限制使用。

② 整体性。地下空间不仅为城市提供独立的空间场所，而且为城市发展提供了一个整体规模的潜在空间，其地质条件、水文条件、城市建设现状、社会经济和生态环境因素相互联系、相互制约，甚至是交叉共生，从而构成了一个整体系统。

③ 地域性。城市不同区域的地下空间，其自然和现状条件不同，社会经济条件和技术工艺条件也有差异。

④ 多用性。大部分自然资源都具有多种功能和用途，地下空间资源同样可为城市提供绝大多数功能空间，并可与地面空间形成互补替换的关系。

⑤ 变动性。随着人类社会经济的发展、技术进步、社会需求、自然条件和人为环境因素的变化，地下空间资源范围、利用功能、广度和深度都在不断演变，资源条件和存在背景也呈动态变化趋势。

⑥ 社会性。人类对地下空间的开发利用，以及为了开发地下空间资源而做的评估、

规划、技术革新等一切活动，都体现对地下空间资源开发的社会驱动因素，地下空间为社会需求服务，社会发展又促进地下空间资源的利用和保护。

⑦ 价值属性。城市地下空间资源是城市土地资源的延伸，不仅为城市提供自然价值、空间场所，而且伴随城市土地资源创造出巨大财富和社会效益，产生了地下空间资源的权属关系和开发效益（经济效益和社会效益）问题。

⑧ 不可逆性。地下空间资源的可逆性（即在被利用的过程中连续或往复供应的能力）较差，地下空间的存在环境一旦破坏就很难恢复原状。

2. 资源评估方法

城市地下空间资源的调查与评估，是贯穿于城市地下空间发展战略和城市规划的一项基础性工作。通过对整体范围的宏观调查评价或对局部项目地区的详细调查评价，为城市规划和具体开发项目提供有关地下空间资源的信息，包括资源的影响因素、资源分布、储备容量、合理开发容量、保护范围、开发价值、综合效益和资源动态发展变化规律等基本内容和数据。

（1）地下空间资源的容量

地下空间资源的容量即其占用的空间体积或容量，其数量指标可用地下空间占有的空间体积或者可有效利用的建筑面积来表达。地下空间资源容量概念有几个不同的层次。

① 地下空间资源的天然蕴藏量。即在指定地下区域的全部空间总体积，包括可开发领域与不可开发领域的体积总和。

② 可合理开发的资源容量。即在指定区域内，不受各种自然和建筑因素制约技术条件下可进行开发活动的空间领域总体积，在这个岩土体的空间范围内，开发活动不可侵犯周围受法律保护的领域，不威胁城市地质环境和已有建成物的安全。

③ 可供有效利用的资源容量。指在可供合理开发的资源分布区域内，符合城市生态和地质环境安全需要，保持合理的地下空间距离、密度和形态，在一定技术条件下能够进行实际开发，并实现使用价值的潜在建设容量。在数值上，可供有效利用的资源容量应为占有可合理开发资源容量的一定比例。

④ 地下空间的实际开发量。这是根据城市发展需求、生态与环境控制和城市规划建设方案，实际确定或开发的地下空间容量，应是在可供有效利用的资源容量之下的开发。

（2）地下资源评估的内容和目标

地下空间资源评估是一项涉及学科交叉、涉及因素多、信息多元化的复杂任务，包含资源调查和资源评价两个阶段内容。

① 资源调查。即资源信息调查，目的在于获得地下空间资源的多源空间信息和影响地下空间资源开发利用要素的信息，分析地下空间资源形成的必要条件，为资源评价提供基础数据。

② 资源评价。以调查的信息为基础，通过一定的定性和定量手段分析地下空间资源影响要素作用和相关参数，获得其宏观的可供合理开发的资源数量与质量分布的定量评价结果。

资源评估的目标是完成地下空间资源分布图、评估图和评估数据库，为城市地下空间规划的编制提供基础数据和科学依据。

（3）资源评估方法

① 评估总则。

a. 评估依据。评估采用的原始资料应包括地面空间现状资料、地下空间现状资料、城市总体规划资料、工程地质条件与水文地质条件资料等。

b. 评估范围。其主要包括平面范围和深度范围两个方面。其中，平面范围包括对规划地区划定边界范围的面积，如西安市建成区包括莲湖区、碑林区、新城区、雁塔区、未央区、灞桥区 6 个城区，主要边界南北为绕城高速，东西为三环路，面积约为 490km^2。

深度范围一般指从地表至地下 100m。综合地面空间状况的影响深度及资源的可能功能布置，地下空间资源的深度范围划分为以下 4 层。

浅层。地表至地下 10m，开敞空间和低层建筑基础影响深度。

中浅层。地下 10～30m，中层建筑基础影响深度。

中深层。地下 30～50m，特殊地块和高层建筑基础影响深度。

深层。地下 50～100m。

由于评估依据（现状和规划调整）的数据是随时间变化的，因此，一般评估结果具有动态性和时效性的特征。

② 评估的基本要素与指标体系。评估的基本要素是评估模型和指标体系建立的依据。评估指标体系是将评估要素规范化、同量纲化、系统化等构造而成的可写成计算或判别的数学因子表达式。评估要素的确定应以经济、政策、法律法规和当前及今后可预见的工程技术条件为前提，其参数精确尺度应以满足宏观评价为标准。其评价基本要素包括以下内容：

a. 基本地质和工程地质条件。

b. 水文地质条件。

c. 地下埋藏物和已开发利用的地下空间。

d. 地面建筑物及基础。

e. 地面开敞空间。

f. 区位分布。

g. 竖向深度。

对山区而言，还应考虑地形地貌的影响。需要强调的是，在对同一城市进行宏观评估时，城市的社会经济发展水平、城市现代化程度、土地利用与城市规划总体标准、政策法规、气候条件、城市人口总体状况、总体生态与环境、地下空间施工和维护技术水平等因素，一般为均质的宏观背景，不作为评估中的分析要素和评估指标。

构成地下空间资源评价的指标体系主要由上述的基本要素组成，为了便于资源等级评价，可将上述要素分成四类：工程地质条件适宜性、水文地质条件适宜性、区位对地下空间开发利用的有利程度、竖向深度对地下空间开发利用的有利程度。

③ 地下空间资源调查评价方法。在地下空间资源的总蕴藏量中，排除受到不良地

质条件、水文地质条件、地下埋藏物、已开发利用的地下空间、建筑物基础和开敞空间制约的空间后，剩余的空间范围即为可供合理开发的资源蕴藏分布。这种调查评估地下空间资源分布范围的方法，称为影响要素逐项排除法。

设 A 为评估范围内地下空间的总蕴藏空间，B 为不良地质条件和水文地质条件制约的空间，C 为受地下埋藏物制约的空间，D 为受已开发利用的地下空间制约的空间，E 为开敞空间和建筑物基础制约的空间，F 为可供合理开发利用资源的空间，则可供合理开发的地下空间资源为：

$$F=A-(B+C+D+E)$$

在实际评价操作中，可采用图形叠加法和排除法取得地下空间可供合理开发的资源分布及容量。也就是，首先按照各制约因素的影响深度范围进行层次划分，假定各层次内制约因素影响为均匀分布，对影响制约区进行图形叠加，则得到所有制约空间的总投影范围；用评估单元内可供合理开发的资源分布及容量。

3. 基于 GIS 的评估方法

GIS，又称为地理信息系统，其主要使用的是模型分析的方式，将计算机软件与硬件的作用充分发挥出来，相对适宜地提供多种空间与动态的相关地理信息，同时也是一个对地理空间信息库以及信息实现输入、存储以及检索处理等诸多功效的技术系统。一般认为，GIS 主要集合了用户、分析方式、空间数据和属性数据等相关能力于一体，可以收集、处理以及存储和地理信息相关的信息计算机系统，利用地理信息系统来对管理以及传输的信息进行自动匹配。

GIS 是最近几十年逐渐发展起来的一个比较综合的应用系统，其可以将诸多信息进一步与地理位置以及相关视图结合起来。GIS 技术的应用领域比较广泛，尤其是在自然资源以及环境等诸多方面，展现出了比较强大的功能与较好的效果，同时也逐渐发展成为发达国家所从事规划、评估以及保护工作的一种十分现代化的方式手段。

多数学者利用 GIS 进行地下空间资源的评估，都是借鉴了地上资源评估的方法和流程，采用最多的就是 AHP 层次分析法、GIS 空间加权叠加法及 GIS 重分类可视化法，本书着重介绍这三种方法。

（1）层次分析法（AHP）

层次分析法是指于 20 世纪 70 年代中期由美国运筹学家托马斯·塞蒂正式提出，是将与决策有关的元素分解成目标、准则、方案等层次，在此基础之上进行定性和定量分析的决策方法，在管理、政策和分配、行为科学、军事指挥、运输、农业、教育、人才、医疗和环境等领域得到广泛应用。层次分析法主要包括 5 步。

① 建立层次结构模型。在深入对问题进行研究后，将问题中涉及的各因素自上而下逐层分解为若干个指标，同一层所有因素应隶属于上层的因素，对上层的因素有影响，同时支配下层因素或受到下层因素影响。最高层称为目标层，通常只有一个因素，最下一层通常为措施层，中间可以有若干个层次，通常为准则层或称指标层。当指标过多时应对其进一步分解为子指标层（图 6-1）。

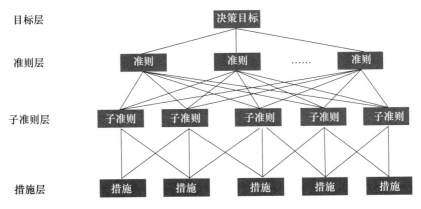

图 6-1　AHP 层次结构模型图

② 比较判断矩阵。对同一层次的各因素关于上一层中某一准则的重要性进行两两比较，构造判断矩阵，其中哪一个因素更重要，重要多少，需要对重要程度赋予一定的数值。这一过程可以采用绝对比较法和相对比较法。如果是非常明确的差度，如人口、GDP 等，可以采用绝对比较法，直接用比值或相对值进行判断；如果是不太明确的差度，如社会满意度、心理预期度等，可以采用相对比较法，即以专家打分或观察法予以判断，其形式如下：

A_k	B_1	B_2	⋯	B_n
B_1	b_{11}	b_{12}	⋯	b_{1n}
B_2	b_{21}	b_{22}	⋯	b_{2n}
⋮	⋮	⋮	⋮	⋮
B_n	b_{n1}	b_{n2}	⋯	b_{nn}

显然，对于任何判断矩阵都应满意下式，因此只需写出三角部分即可。

$$b_{ii}=1$$
$$b_{ij}=\frac{1}{b_{ji}} \ (i,\ j=1,\ 2,\ \cdots,\ n)$$

③ 层次单排序。单排序的目的是对于上层次的某元素而言，确定本层次与之相关的各个元素重要性次序的权重值。层次单排序的任务可以写成判断矩阵的特征根与特征向量问题，满足下式：

$$BW=\lambda_{MAX}W$$

其中，λ_{MAX} 为 B 的最大特征根，W 为特征向量，W 的分量 W_i 就是单排序的权重值。

④ 层次总排序。利用层次单排序的结果，就可以计算本层次所有元素的重要性权重值，这就是层次总排序。层次总排序需要自上而下逐层进行。对于只有一个要素的最高层，层次总排序等于层次单排序。若 A 层次的所有因子 A_1，A_2，A_3，$\cdots$，A_n 已经完成了层次总排序，得到了 A 层次的权重值分别为 a_1，a_2，a_3，$\cdots$，a_n，以及 A 层次下一层次 B 层次对应的所有因子 B_1，B_2，B_3，$\cdots$，B_n 的层次单排序结果为 $[b_1,\ b_2,\ b_3,\ \cdots,\ b_n]^T$，将每一个 A 层次的因子 a_1，a_2，a_3，$\cdots$，a_n 与 B 层次对应的因子 $[b_1,\ b_2,\ b_3,\ \cdots,\ b_n]^T$ 按照 $\sum a_n b_n$ 进行乘积并求和，就可以得到总排序结果。

⑤ 一致性检验。为了评价层次总排序的计算结果的一致性，进行一致性检验，分别计算下式：

$$CI = \sum_{j=1}^{m} a_j CI_j$$

$$RI = \sum_{j=1}^{m} a_j RI_j$$

$$CR = \frac{CI}{RI}$$

式中 CI——层次总排序的一致性指标；

　　　 RI——层次总排序的随机一致性指标；

　　　 CR——层次总排序的随机一致性比例，当 $CR < 0.10$ 时，认为一致性通过检验，否则，调整判断矩阵，直到一致性检验通过为止。

（2）GIS 空间加权叠加法

加权叠加法是当下使用最多、最流行的分析方法，也是 GIS 空间分析（spatial analyst）中的重要方法。在使用中，加权叠加可以有效地识别各种地理空间要素的空间权重，对其进行定量化综合评价。其基本原理就是基于叠加的方法，将各个单因子分级定量后，再确定各个因子权重。对敏感性影响大的因子赋予较大的权值，然后在各单因子分级评分的基础上，对各个因子的评价结果进行加权求和，一般分数越高表示越敏感。其计算公式如下：

$$Z_i = \sum_{m=1}^{n} K_{mi} W_m (m, i = 1, 2, \cdots, n)$$

式中 Z_i——综合评价值；

　　　 K_{mi}——空间单元第 m 因子的敏感度等级指数；

　　　 W_m——空间单元第 m 因子的权重；

　　　 n——因子个数。

在采用 GIS 进行加权叠加时，需要注意使用常用测量比例叠加多个栅格数据，并根据各栅格数据的重要性分配权重。所有输入栅格数据必须为整型。浮点型栅格数据要先转换为整型栅格数据，然后才能在加权叠加中使用。重分类工具是执行转换的有效方法。根据评估等级为输入栅格中的各个值分配一个新值。这些新值是原始输入栅格值的重分类。对于要从分析中排除的区域，将使用受限值。根据各个输入栅格数据的重要性或者影响力百分比对其进行加权。权重是相对百分比，并且影响力百分比权重的总和必须等于 100。影响力仅通过整数值进行指定。十进制值将向下舍入为最近的整数（图 6-2）。

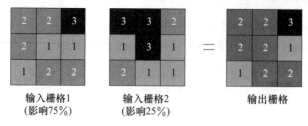

输入栅格1　　　　　　输入栅格2　　　　　　　输出栅格
（影响75%）　　　　　（影响25%）

图 6-2　GIS 加权叠加模型图

（3）GIS 重分类可视化法

GIS 中有很重要的功能称为栅格重分类，可以采用这种功能将连续栅格数据转化为离散栅格数据。在 ArcMAP 中新建地图文档，加载需要处理的栅格数据，在 ArcTool-box 中选择 Spatial Analyst 中栅格上分类工具，打开重分类对话框，可以进行重分类处理（图 6-3）。

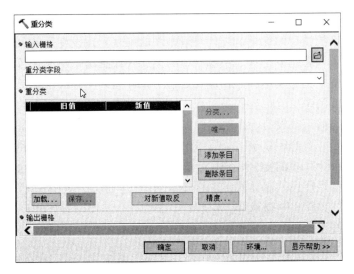

图 6-3 重分类对话框

可视化是制作专题地图的必备要求，可以通过各种不同的符号和颜色来表征各种不同的专题地图属性，常用的可视化方法包括定点符号法线状符号法、质别底色法、等值线法、定位图表法、范围法、点值法、分级比值法、分区图表法和动线法等。在 Arc-MAP 中，将栅格数据选择图层属性，在分类方法中可以选择类别、颜色、内容等相关类型，并可采用自然间断法或者等值法进行分类（图 6-4）。

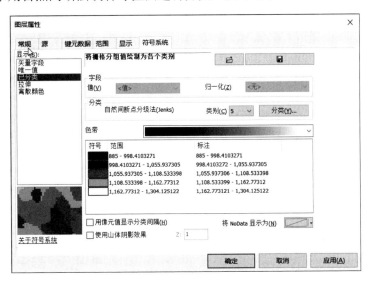

图 6-4 图层属性对话框

6.2 需求预测

1. 生态城市预测方法

生态城市的概念最早起源于 1975 年美国加州伯克利的一个非营利组织——城市生态协会，该组织提倡城市的绿化，设计建造太阳能温室，建设专门的公交路线，提倡采用自行车或步行来代替机动车等。生态城市的概念一经提出，引起了各地政府和科学家的广泛关注。其中欧美等发达国家和地区走在了世界前列，并且已经建立起一些生态城市。比如澳大利亚的悉尼、瑞典的马尔默、巴西的巴西利亚、加拿大的渥太华等。

虽然目前生态城市还没有一个明确的概念，但是作为一个生态城市理应包含以下内涵：生态城市不是一个封闭系统，生态城市是涉及城市自然生态系统和城市人工环境系统、经济系统、社会系统的复合系统，生态城市既要保证经济的持续增长，更要保证增长的质量，还要满足居民的基本需求，生态城市应是社会、经济和环境的统一体。因此，关于生态城市建设的研究需要在社会—经济—环境（Social-Economic-Environment，SEE）复杂系统整体背景下进行。

国务院 1989 年提出城市环境综合整治定量考核制度，把城市环境作为一个系统整体，运用系统工程的理论和方法，采取多功能、多目标、多层次的综合战略、手段和措施，对城市环境进行综合规划、综合管理和综合控制，以最小的投入换取城市质量优化，做到经济建设、城乡建设、环境建设同步规划、同步实施、同步发展，从而使复杂的城市环境问题得以解决。在这项制度中，对于环境综合整治的成效和城市环境质量的考核，制定了量化指标，每年评定一次，我国全部城市都开展了城市环境综合整治考核工作。

2000 年国家环境保护总局提出开展生态城市建设工作，2003 年颁布生态城市建设指标。该指标囊括经济发展、生态环境保护和社会发展等全方位生态城市指标。指标经过多次修正，在环境保护方面全方位涉及节能减排、降耗，在城市建设与城市环境方面提出了城市公共服务、城市绿化以及大气、声、水环境质量的要求。生态城市建设全面提升了城市生态环境水平。目前我国开展生态城市建设项目的城市约 1000 个。

党的十八大报告提出了建设生态文明的方针、途径、目标和措施，指出：面对资源约束趋紧、环境污染严重、生态系统退化的严峻形势，必须树立尊重自然、顺应自然、保护自然的生态文明理念，把生态文明建设放在建设的各方面和全过程，努力建设美丽中国、实现中华民族永续发展。

在这些背景和预期之下，2006 年，同济大学提出了一种按生态城市要求预测地下空间需求总量的类似方法，计算公式为：

$$S = (C_l + C_a/n + R_a + G_l) \times P \times \beta$$

式中　S——城市生态空间需求总量；

　　　C_l——城市人均建设用地指标；

　　　C_a——城市人均建设面积指标；

　　　n——容积率；

R_a——城市人均道路面积指标；

G_l——城市人均公共绿地指标；

P——城市建成区第三产业人口；

β——开发强度系数。

2. 专家调查预测方法

2007 年，解放军理工大学地下空间研究中心陈志龙、王玉北、刘宏、肖秋凤四位研究人员于《规划师》发表"城市地下空间需求量预测研究"一文，提出了一种地下空间需求预测方法，该方法从对需求影响因素的分析入手，通过专家问卷调查，从 20 多个影响因素中得到特征根大于 1 的 5 个因素，即地面容积率、土地利用性质、区位、轨道交通、地下空间现状。然后，建立需求模型（图 6-5）。

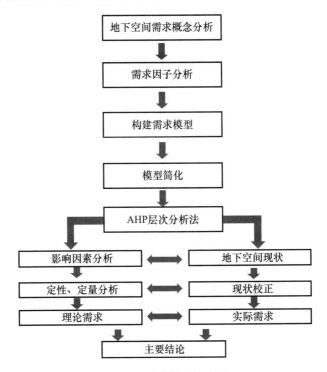

图 6-5　需求模型概念图

7 城市地下空间规划勘察

城市地下空间工程勘察，也称为工程地质勘察或岩土工程勘察，是土建行业进行地下空间建设的基础工作和前提条件。工程勘察必须符合国家、行业制定的现行有关标准、规范的规定。工程勘察的目的是查明建设地区的工程地质条件，提出工程地质（岩土工程）评价，为评判工程条件、选择设计方案、设计各类建筑物、制订施工方法、整治地质病害提供可靠依据。

7.1 任务和方法

1. 概述

工程地质勘察是工程建设的前期准备工作，在拟建场地及其附近进行调查研究，以获取工程建设场地原始工程地质资料，为工程建设制定技术可行、经济合理和明显综合效益的设计和施工方案，达到合理利用自然资源和保护自然环境的目的，以免因工程的兴建而恶化地质环境，甚至引起地质灾害。

根据建设场地明确性与否，工程地质勘察的任务可分为两大类：

一类是明确指定建设场地的工程地质勘察任务。这类场地已经过技术条件、经济效益、资源环境等多方面综合论证，已经明确建设的具体场地，不需要建设场地的方案比选。如三峡工程就在长江三峡地段，上海金茂大厦就在陆家嘴。故这类场地的工程勘察任务主要是查明建设地区或地点的工程地质条件，如地形、地貌和地层分布情况，同时指出对工程建设有利的和不利的条件，以便工程设计"扬长避短"；测定地基土的物理力学性质指标，如土的天然密度、含水量、孔隙比、渗透系数、压缩系数、抗剪强度、塑性指标、液性指标等，并研究这些指标在工程建设施工和使用期间可能发生的变化及提出有效预防和治理措施的建议。

另一类是需要方案比选建设场地的工程地质勘察任务。这类场地还没有具体确定，尚需进行初步试勘后经过方案比选才能确定，如高速公路的选线、大型桥梁桥位的选址，故这类场地的工程勘察任务主要是分析研究可供建设场地有关的工程地质问题，作出定性与定量评价；选出建设工程地质条件比较合适的工程建设场地。所谓工程地质条件，是指与工程结构物相关的各种地质因素的综合，主要包括岩石（土）类型、地质结构与构造、地形地貌条件、水文地质条件、物理地质作用或现象（如地震、泥石流、岩溶等）和天然建筑材料等方面。值得一提的是，良好优越的工程地质条件并不一定是方案最好的，因为选择这类场地往往以牺牲大片良田沃土为代价。

工程地质勘察常用的主要方法有工程地质测绘、工程地质勘探、工程地质试验、工程地质现场观测。各种方法在各个工程勘察阶段中使用的数量、深度与广度也各不相同。

2. 工程地质勘察

虽然各类建设工程对勘察设计阶段划分的名称不尽相同，但是勘察设计各个阶段的实质内容是基本相同的。一般将工程地质勘察阶段分为可行性研究勘察阶段、初步勘察阶段、详细勘察阶段和施工勘察阶段。对于地下空间规划而言，最重要的就是大面积的初勘，这样可以有效地进行用地条件的比较，为最终落实方案奠定基础。

（1）可行性研究勘察阶段

可行性研究勘察阶段，主要满足选址或者确定场地的要求，该阶段应对拟建场地的稳定性和适宜性作出客观评价。在确定拟建工程场地时应尽量避开以下区段：不良地质现象发育且对场地稳定性有直接危害或潜在威胁的地段；地基土性质严重不良的地段；不利于抗震地段；洪水或地下水对场地有严重不良影响且又难以有效预防和控制的地段；地下有未开采的有价值矿藏地段；埋藏有重要意义的文物古迹或未稳定的地下采空区的地段。

可行性研究勘察阶段的主要勘察方法有：对拟建地区大、中比例尺工程地质测绘；进行较多的勘探工作，包括在控制工程点做少量的钻探；进行较多的室内试验工作，并根据需求进行必要的野外现场试验；在重要的工程地段及可能发生不利地质作用的地段进行长期观测工作；进行必要的物探。

（2）初步勘察阶段

初步勘察阶段应对场地内建设地段的稳定性作出岩土工程定量分析。本阶段的工程地质勘察工作有：收集项目的可行性研究报告、场址地形图、工程性质、规模等文件资料；初步查明地层、构造、岩性、透水性、是否存在不良地质现象，若场地条件复杂，还应进行工程地质测绘与调查；对抗震设防烈度不小于 7 度的场地，应初步判定场地或地基能否发生液化。初步勘察应在收集分析已有资料的基础上，根据需要进行工程地质测绘、勘探及测试工作。

（3）详细勘察阶段

详细勘察应密切结合工程技术设计或施工图设计，针对不同的工程结构提供详细的工程地质资料和设计所需的岩土技术参数，对拟建物的地基作出岩土工程分析评价，对路基路面或基础设计、地基处理、不良地质现象的预防和整治等具体方案进行具体论证并得出结论和提出建议。详细勘察的具体内容应视拟建物的具体情况和工程要求来定。

（4）施工勘察阶段

施工勘察主要是与设计、施工单位相结合进行的地基验槽，深基础工程与地基处理的质量和效果的检测，施工中的岩土工程监测和必要的补充勘察，解决与施工有关的岩土工程问题，并为施工阶段路基路面或地基基础设计变更提供相应的地基资料，具体内容视工程要求而定。

需要指出的是，并不是每项工程都严格遵守上述阶段进行勘察，有些工程项目的用地有限，没有场地选择的余地，如遇到地质条件不是很好时，则通过采取地基处理或其他措施来改善，这时施工阶段的勘察显得尤为重要。此外，有些建筑等级要求不高的工程项目，可根据邻近的已建工程的成熟经验，根本就不需要任何勘察亦可兴建，如层数低于3层、对地质条件要求不高的工业与民用建筑工程项目。

3. 工程地质测绘

工程地质测绘是工程地质勘察中最基本的方法，也是工程地质勘察最先进行的综合性基础工作。它运用地质学原理，通过野外调查，对有可能选择的拟建场地区域内地形地貌、地层岩性、地质构造、不良地质现象进行观察和描述，将所观察到的地质要素按要求的比例尺填绘在地形图和有关图表上，并对拟建场地区域内的地质条件作出初步评价，为后续布置勘探、试验和长期观测打下基础。工程地质测绘贯穿于整个勘察工作的始终，只是随着勘察设计阶段的不同，要求测绘的范围、内容、精度不同而已。

（1）工程地质测绘的范围

工程地质测绘的范围应根据工程建设类型、规模并考虑工程地质条件的复杂程度等综合确定。一般工程跨越地段越多、规模越大、工程地质条件越复杂测绘范围就相对越广。例如，京珠高速公路的线路测绘，横亘南北，穿山越岭，跨江过海，测绘范围就比三峡大坝选址工程测绘范围要广。

（2）工程地质测绘的内容

工程地质测绘的内容主要有以下6个方面：

① 地层岩性。明确一定深度范围地层内各岩层的性质、厚度及其分布变化规律，并确定其地质年代、成因类型、风化程度及工程地质特性。

② 地质构造。研究测区内各种构造形迹的产状、分布、形态、规模及其结构面的物理力学性质，明确各类构造岩的工程地质特性，并分析其对地貌形态、水文地质条件、岩石风化等方面的影响及其近、晚期构造活动情况，尤其是地震活动情况。

③ 地貌条件。如果说地形是研究地表形态的外部特征，如高低起伏、坡度陡缓和空间分布，那么地貌则是研究地形形成的地质原因和年代及其在漫长的地质历史中不断演变的过程和将来发展的趋势，即从地质学和地理学的观点来考察地表形态。因此，研究地貌的形成和发展规律，对工程建设的总体布局有着重要意义。

④ 水文地质。调查地下水资源的类型、埋藏条件、渗透性，并测试分析水的物理性质、化学成分及动态变化对工程结构建设期间和正常使用期间的影响。

⑤ 不良地质。查明岩溶、滑坡、泥石流及岩石风化等分布的具体位置、类型、规模及其发育规律，并分析其对工程结构的影响。

⑥ 可用材料。对测区内及附近地区短程可以来利用的石料、砂料及土料等天然建筑材料资源进行附带调查。

（3）工程地质测绘的精度

工程地质测绘的精度是指对野外观察得到的工程地质现象和获取的地质要素信息标记、描述和表示在有关图纸上的详细程度。所谓地质要素，即场地的地层、岩性、地质构造、地貌、水文地质条件、物理地质现象、可利用天然建筑材料的质量及其分布等。测绘的精度主要取决于单位面积上观察点的多少。在地质复杂地区，观察点的分布多一些，简单地区则少一些，观察点应布置在反映工程地质条件各因素的关键位置上。一般应反映在图上大于2mm的一切地质现象，对工程有重要影响的地质现象，在图上不足2mm时，应扩大比例尺表示，并注明真实数据，如溶洞、塌方、滑坡、地下水等。

（4）工程地质测绘的方法和技术

工程地质测绘的方法有像片成图法和实地测绘法。随着科学技术的进步，遥感新技术也应用于工程地质测绘。

① 像片成图法。相片成图法是利用地面摄影或航空摄影的相片，先在室内根据"判释"标志，结合所掌握的区域地质资料，确定地层岩性、地质构造、地貌、水系和不良地质现象等，描绘在单张相片上，然后在相片上选择需要调查的若干布点和路线，以便进一步实地调查、校核并及时修正和补充，最后将结果转绘成工程地质图。

② 实地测绘法。顾名思义，实地测绘法就是在野外对工程地质现象进行实地测绘的方法。实地测绘法通常有路线穿越法、布线测点法和界线追索法3种。

a. 路线穿越法是指沿着在测区内选择的一些路线，穿越测绘场地，将沿途遇到的地层、构造不良地质现象、水文地质、地形、地貌界线和特征点等填绘在工作底图上的方法。路线可以是直线也可以是折线。观测路线应选择在露头较好或覆盖层较薄的地方，起点位置应有明显的地物，例如村庄、桥梁等。同时，为了提高工作成效，方向应大致与岩层走向、构造线方向及地貌单元相垂直。

b. 布线测点法就是根据地质条件复杂程度和不同测绘比例尺的要求，先在地形图上布置一定数量的观测路线，然后在这些线路上设置若干观测点的方法。观测线路力求避免重复，尽量使之达到最优效果。

c. 界线追索法就是为了查明某些局部复杂构造，沿地层走向或某一地质构造方向或某些不良地质现象界线进行布点追索的方法。这种方法是在上述两种方法的基础上进行辅助补充的方法。

③ 遥感技术应用。遥感技术就是根据电磁波辐射理论，在不同高度的观测平台上，使用光学或电子光学等探测仪器，对位于地球表面的各类远距离目标反射、散射或发射的电磁波信息进行接收并用图像胶片或数字磁带形式记录，然后将这些信息传送到地面接收站，接收站再把这些信息进一步加工处理成遥感资料，最后结合已知物的波谱特征，从中提取有用信息，识别目标和确定目标物之间相互关系的综合技术。简言之，遥感技术是通过特殊方法对地球表层地物及其特性进行远距离探测和识别的综合技术方法。遥感技术包括传感器技术，信息传输技术，信息处理、提取和应用技术，目标信息特征的分析和测量技术等。遥感技术应用于工程地质测绘，可大量节省地面测绘时间及工作量，并且完成质量较高，从而节省工程勘察费用。

4. 工程地质勘探

工程地质勘探是在工程地质测绘的基础上，为了详细查明地表以下的工程地质问题，取得地下深部岩土层的工程地质资料而进行的勘察工作，常用的工程地质勘探手段有开挖勘探、钻孔勘探和地球物理勘探。

（1）开挖勘探

开挖勘探就是对地表及其以下浅部局部土层直接开挖，以便直接观察岩土层的天然状态以及各地层之间的接触关系，并能取出接近实际的原状结构岩土样进行详细观察和描述其工程地质特性的勘探方法。根据开挖体空间形状的不同，开挖勘探可分为坑探、槽探、井探和洞探等。

① 坑探就是用锹镐或机械在空间上3个方向挖掘尺寸相近的坑洞的一种明挖勘探

方法。坑探的深度一般为 2m，适于不含水或含水量较少的较稳固的地表浅层，主要用来查明地表覆盖层的性质和采取原状土样。

② 槽探就是在地表挖掘成长条形（两壁常为倾斜的上宽下窄）沟槽进行地质观察和描述的明挖勘探方法。探槽的宽度一般为 0.5～0.8m，深度一般小于 3m，长度则视需要探明的情况确定，但不建议挖掘过长的探槽，如必须进行挖掘，可采取间断挖掘的方式。探槽的断面有矩形、梯形和阶梯形等多种形式，一般采用矩形。当探槽深度较大时，常用梯形。当探槽深度很大且探槽两壁地层稳定性较差时，则采用阶梯形断面，必要时还要对两壁进行支护。槽探主要用于追索地质构造线、断层、断裂破碎带宽度、地层分界线、岩脉宽度及其延伸方向，探查残积层、坡积层的厚度和岩石性质及采取试样等。

③ 井探是指勘探挖掘空间的平面长度方向和宽度方向的尺寸相近，而其深度方向大于长度和宽度的一种挖探方法。探井的深度一般大于 3～20m，其断面形状有正方形（1m×1m、1.5m×1.5m、2m×2m）、长方形（1m×2m、2m×3m）、圆形（直径一般为 1m 左右）。掘进时遇到破碎的井段须进行井壁支护。井探用于了解覆盖层厚度及性质、构造线、岩石破碎情况、岩溶、滑坡等，当岩层倾角较缓时效果较好。

④ 洞探是在指定标高的指定方向开挖地下洞室的一种勘探方法。这种勘探方法一般将探洞布置在平缓山坡、山坳处或较陡的基岩坡坡底，多用于了解地下一定深处的地质情况并取样，如查明坝底两岸地质结构，尤其在岩层倾向河谷并有易于滑动的夹层，或层间错动较多、断裂较发育及斜坡变形破坏等，更能观察清楚，可获较好效果。

（2）钻孔勘探

钻孔勘探简称钻探。钻探就是利用钻进设备打孔，通过采集岩芯或观察孔壁来探明深部地层的工程地质资料，补充和验证地面测绘资料的勘探方法。钻探是工程地质勘探的主要手段，但是钻探费用较高，因此，一般是在开挖勘探不能达到预期目的和效果时才采用这种勘探方法。

钻探方法较多，钻孔口径不一。常规孔径为：开孔 168mm，终孔 91mm。由于行业部门及设计单位的不同要求，孔径的取值也不一样。如水电部使用回转式大口径钻探的最大孔径可达 1500mm，孔深 30～60m，工程技术人员可直接下孔观察孔壁。而有的部门采用孔径仅为 36mm 的小孔径，钻进采用金刚石钻头，这种钻探方法对于硬质岩而言，可提高其钻进速度和岩芯采取率或成孔质量。

一般情况下，钻探通常采用垂直钻进方式。对于某些工程地质条件特殊的情况，如被调查的地层倾角较大，则可选用斜孔或水平孔钻进。

① 冲击钻进。该法采用底部圆环状的钻头，钻进时将钻具提升到一定高度，利用钻具自重迅猛放落，钻具在下落时产生冲击力，冲击孔底岩土层，使岩土破碎而进一步加深钻孔。冲击钻进可分为人工冲击钻进和机械冲击钻进。人工冲击钻进所需设备简单，但是劳动强度大，适于黄土、黏性土和砂性土等疏松覆盖层；机械冲击钻进省力省工，但费用较高，适于砾石、卵石层及基岩。冲击钻进一般难以取得完整岩芯。

② 回转钻进。该法利用钻具钻压和回转，使嵌有硬质合金的钻头切削或磨削岩土进行钻进。根据钻头的类别，回转钻进可分为螺旋钻探、环形钻探（岩芯钻探）和无岩芯钻探。螺旋钻探适用于黏性土层，可干法钻进，螺纹旋入土层，提钻时带出扰动土

样；环形钻探适用于土层和岩层对孔底进行环形切削研磨，用循环液清除输出岩粉，环形中心保留柱状岩芯，然后进行提取；无岩芯钻探适用于土层和岩层，对整个孔底进行全面切削研磨，用循环液清除输出岩粉，不提钻可进行连续钻进，效率比较高。

③ 综合钻进。此法是一种冲击与回转综合作用下的钻进方法。它综合了前两种钻进方法在地层钻进中的优点，以达到提高钻进效率的目的，在工程地质勘探中应用广泛。

④ 振动钻进。此法采用机械动力将振动器产生的振动力通过钻杆和钻头传递到圆筒形钻头周围土中，使土的抗剪强度急剧减小，同时利用钻头依靠钻具的重力及振动器质量切削土层进行钻进。圆筒形钻头主要适用于粉土、砂土、较小粒径的碎石层以及黏性不大的黏性土层。

（3）地球物理勘探

地球物理勘探简称物探，是利用专门仪器来探测地壳表层各种地质体的物理场，包括电场、磁场、重力场、辐射场、弹性波的应力场等，通过测得的物理场特性和差异来判明地下各种地质现象，获得某些物理性质参数的一种勘探方法。由于组成地壳的各种不同岩层介质的密度、导电性、磁性、弹性、反射性及导热性等方面存在差异，这些差异将引起相应的地球物理场的局部变化，通过测量这些物理场分布和变化特性，结合已知的地质资料进行分析和研究，就可以推断出地质体的性状。这种方法兼有勘探和试验两种功能。与钻探相比，物探具有设备轻便、成本低、效率高和工作空间广的优点。但是，物探不能取样直接观察，故常与钻探配合使用。

物探按照利用岩土物理性质的不同可分为声波探测、电法勘探、地震勘探、重力勘探、磁力勘探及核子勘探等。在工程地质勘探中采用较多的主要是前3种方法。

最普遍的物探方法是电法勘探与地震勘探，常在初期的工程地质勘探中使用，配合工程地质测绘，初步查明勘察区的地下地质情况，此外，常用于查明古河道、洞穴、地下管线等具体位置。

① 声波探测。声波探测是指运用声波段在岩土或岩体中传播特性及其变化规律来测试其物理力学性质的一种探测方法。在实际工程中，还可利用在应力作用下岩土或岩体的发声特性对其进行长期稳定观察。

② 电法勘探。电法勘探简称电探，是利用天然或人工的直流或交流电场来测定岩土体导电学性质的差异，勘察地下工程地质情况的一种物探方法。电探的种类很多，按照使用电场的性质，可分为人工电场法和自然电场法，而人工电场法又可分为直流电场法和交流电场法。

工程勘察使用较多的是人工电场法，即人工对地质体施加电场，通过电测仪测定地质体的电阻率大小及其变化，再经过专门的图板对比（理论曲线对比），区分地层、岩性、构造以及覆盖层、风化层厚度、含水层分布和深度、古河道、主要充水裂隙方向以及天然建筑材料分布范围、储量等。

地质雷达（又称探地雷达，Ground Penetrating Radar，简称GPR）检测技术是一种高精度、连续无损、经济快速、图像直观的高科技检测技术，它通过地质雷达向物体内部发射高频电磁波并接收相应的反射波来判断物体内部异常情况。作为目前精度较高的一种物理探测技术，地质雷达检测技术已广泛应用于工程地质、岩土工程、地基工程、道路桥梁、文物考古、混凝土结构探伤等领域。地质雷达仪器主要由控制单元、发射天线、接收天线、笔记本电脑等部件组成。工作人员通过操纵笔记本电脑，向控制单元发出命令；控制单元接收到命令后，向发射天线和接收天线同时发出触发信号；发射天线触发后，向地面发射频率为几十兆赫至几千兆赫的高频脉冲电磁波；电磁波在地下传播过程中，遇到电性不同的界面、目标或局域介质不均匀体时，一部分电磁波反射回地面，由接收天线接收，并以数据的形式传输到控制单元，再由控制单元传输到笔记本电脑，以图像的方式显示。对图像进行处理分析，便可得出地下介质分布情况，从而实现检测的目的。

③ 地震勘探。地震勘探是利用地质介质的波动性来探测地质现象的一种物探方法。其原理是利用爆炸或敲击方法向岩体内激发地震波，根据不同介质弹性波传播速度的差异来判断地质情况。根据波的传递方式，地震勘探又可分为直达波法、反射波法和折射波法。直达波就是由地下爆炸或敲击直接传播到地面接收点的波。直达波法就是利用地震仪器记录直达波传播到地面各接收点的时间和距离，然后推算地基土的动力参数，如动弹性模量、动剪切模量和泊松比等。而反射波或折射波则一般指由地面产生激发的弹性波在不同地层的分界面发生反射或折射而返回到地面的波。反射波法或折射波法就是利用反射波或折射波传播到地面各接收点的时间，并研究波的振动特性，确定引起反射或折射的地层界面的埋藏深度、产状岩性等。

地震勘探直接利用地下岩石的固有特性，如密度、弹性等，较其他物探方法准确，且能探测地表以下很大的深度，因此该勘探方法可用于了解地下深部地质结构，如基岩面、覆盖层厚度风化壳、断层带等地质情况。物探方法应根据具体地质条件选择，常用多种方法进行综合探测，如重力法、电视测井法等新技术、新方法的运用。但由于物探的精度受到限制，因而是一种辅助性的方法。

5. 现场原位测试

现场原位测试是在岩土体所处的位置，基本保持岩土原来的结构、湿度和应力状态，对岩土体的工程力学性质指标进行的测试。现场原位测试主要包括圆锥动力触探试验、标准贯入试验、静力触探试验、载荷试验、现场直接剪切试验、旁压试验、十字板剪切试验、扁铲侧胀试验、波速测试等。

原位测试的优点：可以测定难于取得不扰动土样的有关工程力学性质；可避免取样过程中应力释放的影响；影响范围大，代表性强。其缺点：各种原位测试有其适用条件；有些理论往往建立在统计经验的关系上等。影响原位测试成果的因素较为复杂，使得对测定值的准确判定造成一定的困难。

（1）圆锥动力触探试验

利用一定质量的重锤，将与探杆相连接的标准规格的探头打入土中，根据探头贯入土中一定深度（30cm）时所需要的锤击数，判断土的力学特性，具有勘察与测试的双重性能。根据穿心锤质量和提升高度的不同，动力触探试验一般分为轻型、重型、超重型动力触探。

（2）标准贯入试验

标准贯入试验是在土层钻孔中，利用重 63.5kg 的锤击贯入器，根据每贯入 30cm 所需锤击数来判断土的性质、承载力、密度、单桩承载力、判别饱和砂土和粉土液化的一种动力触探试验。试验对象为砂土、粉土及一般黏性土。可测定砂土、粉土的密实度，地基承载力；可判定砂土液化。在岩土勘察中占有举足轻重的地位。

标准贯入试验的主要设备由标准贯入器、触探杆和穿心锤三部分组成。触探杆一般用直径为 42mm 的钻杆，穿心锤重 63.5kg。

（3）静力触探试验

将圆锥形探头按一定速率匀速压入土中量测其贯入阻力、锥头阻力及侧壁摩阻力的过程称为静力触探试验。通过量测土的贯入阻力，可确定土的某些基本物理力学特性，如土的变形模量、土的容许承载力等。静力触探加压方式有机械式、液压式和人力式三种。

静力触探试验适用于软土、一般黏性土、粉土、砂土和含少量碎石的土。静力触探可根据工程需要采用单桥探头、双桥探头或带孔隙水压力量测的单、双桥探头，可测定比贯入阻力、锥尖阻力、侧壁摩阻力和贯入时的孔隙水压力。

（4）载荷试验

载荷试验是指在地基上逐级施加外力，观测地基相应检测点随时间产生的沉降或位移，根据荷载与位移的关系即 Q-S 曲线判定相应的地基承载力的试验方法。它是目前检验地基（含校基、复合地基、天然地基）承载力的各种方法中应用最广的一种，且被公认为试验结果最准确、最可靠，并被各国列为岩土工程规范或规定。该试验手段利用各种方法人工加荷，模拟地基或基础的实际工作状态，测试其加载后承载性能及变形特征。其显著的优点是受力条件比较接近实际、简单易用，试验结果直观而易于被人们理解和接受，可用于测定承压板下应力主要影响范围内岩土的承载力和变形模量。浅层平板载荷试验适用于浅层地基土；深层平板载荷试验适用于深层地基土和大直径桩的桩端土；螺旋板载荷试验适用于深层地基土或地下水位以下的地基土。深层平板载荷试验的试验深度不应小于 5m。

（5）现场直接剪切试验

现场直接剪切试验是土的抗剪强度的一种试验。可用于岩土体本身、岩土体沿软弱结构面和岩体与其他材料接触面的剪切试验，可分为岩土体试体在法向应力作用下沿剪切面剪切破坏的抗剪断试验，岩土体剪断后沿剪切面继续剪切的抗剪试验（摩擦试验），法向应力为零时岩体剪切的抗切试验。

现场直接剪切试验可在试洞、试坑、探槽或大口径钻孔内进行。当剪切面水平或近于水平时，可采用平推法或斜推法；当剪切面较陡时，可采用楔形体法。

同一组试验体的岩性应基本相同，受力状态应与岩土体在工程中的实际受力状态相近。

（6）旁压试验

旁压试验是将圆柱形旁压器竖直放入土中，通过旁压器在竖直的孔内加压，使旁压膜膨胀，并由旁压膜将压力传给周围的土体（岩体），使土体（岩体）产生变形直至破坏，通过量化测定施加的压力和土体（岩体）变形之间的关系，即可得到地基土在水平方向的应力应变关系。旁压试验适用于黏性土、粉土、砂土、碎石土、残积土、极软岩和软岩等。

旁压试验应在有代表性的位置和深度进行，旁压器的量测腔应在同一土层内。试验点的垂直间距应根据地质条件和工程要求确定，但不宜小于 1m，试验孔与已有钻孔的水平距离不宜小于 1m。

（7）十字板剪切试验

十字板剪切试验是一种用十字板测定软黏性土抗剪强度的原位试验。将十字板头由钻孔压入孔底软土中，以均匀的速度转动，通过一定的测量系统，测得其转动时所需力矩，直至土体破坏，从而计算出土的抗剪强度。由十字板剪力试验测得的抗剪强度代表土的天然强度。可用来确定饱和软黏性土的抗剪强度和灵敏度、测定地基加固效果和强度变化规律、测定地基或边坡滑动位置、可计算地基容许承载力。十字板剪切试验可用于测定饱和软黏性土（φ≈0）的不排水抗剪强度和灵敏度。

（8）扁铲侧胀试验

扁铲侧胀试验是利用静力或动力将一扁平铲形测头贯入土中，达到预定深度后，利用气压使扁铲测头上的钢膜片向外膨胀，分别测得膜片中心向外膨胀不同距离（分别为 0.05m 和 1.10mm 这两个特定值）时的气压值，进而获得地基土参数的一种原位试验。适用于软土、一般黏性土、粉土、黄土和松散至中密的砂土。

（9）波速测试

波速测试是根据弹性波在岩土体内的传播速度，间接测定岩土体的物理力学性质或工程指标的现场测试方法。适用于测定各类岩土体的压缩波、剪切波或瑞利波的波速，可根据任务要求，采用单孔法、跨孔法或面波法。

7.2 报告书和图件

1. 工程地质勘察报告书

工程地质勘察报告书是在工程勘察工作结束时，将直接和间接获得的各种工程资料，经过分析整理、检查校对和归纳总结后的文字记录及相关图表汇总的正式书面材料。工程地质勘察报告书是工程地质勘察的最终成果，也是向规划、设计、施工等部门直接提交和使用的文件性资料。

工程地质勘察报告书的任务在于阐明工作地区的工程地质条件，分析存在的工程地质问题，并作出正确的工程地质评价，得出结论。工程地质勘察报告书的内容一般分为绪论、通论、专论和结论 4 个部分，各部分前后呼应，密切联系，融为一体。

（1）绪论部分

主要介绍工程地质勘察的工作任务、采用的方法及取得的成果，同时还应说明工程建设的类型、拟定规模及其重要性、勘察阶段及迫切需要解决的问题等。

（2）通论部分

阐述勘察场地的工程地质条件，如自然地理、区域地质、地形地貌、地质构造、水文地质、不良地质现象及地震基本烈度、场地岩土类型等。在编写通论时，既要符合地质科学的要求，又要达到工程实用的目的，使之具有明确的针对性和目的性。

（3）专论部分

整个报告的主体中心，该部分主要结合工程项目对所涉及的各种可能发生的有关工程地质问题，如场地岩土层分布、岩性、地层结构、岩土的物理力学性质、地基承载力、地下水的埋藏与分布规律、含水层的性质、水质及侵蚀性等提出论证和回答任务书中所提出的各种问题。在论证时，应该充分利用工程勘察所得到的实际资料和数据，在定性分析的基础上作出定量评价。

（4）结论部分

在专论的基础上对任务书中所提出的各种问题作出结论性的回答。结论部分应对场地的适宜性、稳定性、岩土体特性、地下水、地震等作出综合性工程地质评价。结论必须简明扼要，措辞必须准确无误，切不可空泛模糊。此外，还应明确指出存在的问题和解决问题的具体方法、措施、建议以及进一步研究的方向。

2. 工程地质图件

工程地质报告书除了文字资料部分外，还有一整套与文字内容密切相关的图表，如平面图、剖面图、柱状图等。工程地质报告书还有各种附图，如分析图、专门图、综合图等。

（1）综合工程地质平面图

在选定的比例尺地形图上以图形的形式标出勘察区的各种工程地质勘察的工作成果。例如工程地质条件和评价，预测工程地质问题等，即成为工程地质图。地质图主要内容有：地形地貌、地形切割情况、地貌单元的划分；地层岩性种类、分布情况及其工程地质特征；地质构造、褶皱、断层、节理和裂隙发育及破碎带情况；水文地质条件；滑坡、崩塌、岩溶化等物理地质现象的发育和分布情况等。

如果在工程地质图上再加上建筑物布置、勘探点及线的位置和类型以及工程地质分区图，即成为综合工程地质图。这种图在实际工程中编制较多。

（2）勘察点平面位置图

当地形起伏时，该图应绘在地形图上。在图上除标明各勘察点（包括浅井、探槽、钻孔等）的平面位置、各现场原位测试点的平面位置和勘探剖面线的位置外，还应绘出工程建筑物的轮廓位置，并附场地位置示意图、各类勘探点、原位测试点的坐标及高程数据表。

（3）工程地质剖面图

工程地质剖面图以地质剖面图为基础，是勘察区在一定方向垂直面上工程地质条件的断面图，其纵横比例一般是不一样的。地质剖面图反映某一勘探线地层沿竖直方向和水平方向的分布变化情况。如地质构造、岩性、分层、地下水埋藏条件、各分层岩土的物理力学性质指标等。其绘制依据是各勘探点的成果和土工试验成果。由于勘探线的布置是与主要地貌单元的走向垂直，或与主要地质构造轴线垂直，或与建筑物的轴线相一致，故工程地质剖面图能最有效地揭示场地的工程地质条件，是工程勘察报告中最基本的图件。

（4）工程地质柱状图

工程地质柱状图是表示场地或测区工程地质条件随深度变化的图件。图中内容主要包括地层的分布，对地层自上而下进行编号和地层特征进行简要描述。此外，图中还应注明钻进工具、方法和具体事项，并指出取土深度、标准贯入试验位置及地下水水位等资料。

（5）岩土试验成果表

岩土的物理力学指标和状态指标以及地基承载力是工程设计和施工的重要依据，应将室外原位测试和室内试验（包括模型试验）的成果汇总列表。主要是载荷试验、标准贯入试验、十字板剪切试验、静力触探试验、土的抗剪强度、土的压缩曲线等成果表。

（6）其他专门图件

对于特殊土、特殊地质条件及专门性工程，根据各自的特殊需要，绘制相应的专门图件，如各种分析图等。

7.3 勘察的主要内容

1. 城市规划工程勘察

《城乡规划工程地质勘察规范》（CJJ57—2012）中规定：城乡规划工程地质勘察（geo-engineering site investigation and evaluation for urban and rural planning）为不同阶段的城乡规划编制、城乡规划选址和规划管理进行的区域性工程地质勘察，主要针对场地稳定性和工程建设适宜性，进行工程地质、水文地质、环境地质及岩土工程分析评价，简称"规划勘察"。规划勘察应按总体规划、详细规划两个阶段进行。

其中，总体规划勘察应以工程地质测绘和调查为主，并辅以必要的地球物理勘探、钻探、原位测试和室内试验工作。总体规划勘察应调查规划区的工程地质条件，对规划区的场地稳定性和工程建设适宜性进行总体评价。

总体规划勘察应包括下列工作内容：搜集、整理和分析相关的已有资料、文献；调查地形地貌、地质构造、地层结构及地质年代、岩土的成因类型及特征等条件，划分工程地质单元；调查地下水的类型、埋藏条件、补给和排泄条件、动态规律、历史和近期最高水位，采取代表性的地表水和地下水试样进行水质分析；调查不良地质作用、地质灾害及特殊性岩土的成因、类型、分布等基本特征，分析对规划建设项目的潜在影响并提出防治建议；对地质构造复杂、抗震设防烈度6度及以上地区，分析地震后可能诱发的地质灾害；调查规划区场地的建设开发历史和使用概况；按评价单元对规划区进行场地稳定性和工程建设适宜性评价。

详细规划勘察应根据场地复杂程度、详细规划编制对勘察工作的要求，采用工程地质测绘和调查、地球物理勘探、钻探、原位测试和室内试验等综合勘察手段。详细规划勘察应在总体规划勘察成果的基础上，初步查明规划区的工程地质与水文地质条件，对规划区的场地稳定性和工程建设适宜性作出分析与评价。

详细规划勘察应包括下列工作内容：搜集、整理和分析相关的已有资料；初步查明地形地貌、地质构造、地层结构及成因年代、岩土主要工程性质；初步查明不良地质作用和地质灾害的成因、类型、分布范围、发生条件，提出防治建议；初步查明特殊性岩土的类型、分布范围及其工程地质特性；初步查明地下水的类型和埋藏条件，调查地表水情况和地下水位动态及其变化规律，评价地表水、地下水、土对建筑材料的腐蚀性；在抗震设防烈度6度及以上地区，评价场地和地基的地震效应；对各评价单元的场地稳定性和工程建设适宜性作出工程地质评价；对规划方案和规划建设项目提出建议。

2. 地下空间规划工程勘察

（1）勘察的主要内容

① 水以及不良地质作用。

a. 初步查明场地和地基的稳定性、地层结构、持力层和下层的工程特性、土的应力历史和地下断裂构造的位置关系、规模、力学性质、与场地和地基利用的关系、活动性及其与区域和当地地震活动的关系。

b. 岩土层的种类、成分、厚度及坡度变化等，对岩土层特别是基础下持力层（天然地基或桩基或人工地基）和下卧层的片土工程性质。特别是黏性土层的岩土工程性质，宜从应力历史的角度进行解释与研究。

c. 在强震作用下场地与地基岩土内可能产生的不利地震效应，如饱和砂土液化、松软土震陷、斜坡滑塌、采空区地面塌陷等。

d. 潜水和承压水层的分布、水位、水质，各含水层之间的水力联系，获得必要的渗透系数等水文地质计算参数。

e. 滑坡或不稳定斜坡的存在，可能的危害程度。

f. 岩溶作用的程度及其对地基可靠性的影响。

g. 人为的或天然的因素引起的地面沉降、挠折、破裂变塌陷的存在及其危害等。

② 提供满足设计、施工所需要的岩土参数，确定地基承载入，预测地基变形性状。

③ 提出地基基础、基坑支护、工程降水和地基处理设计与施工方案的建议。

④ 提出对建筑物有影响的不良地质作用的防治方案建议。

⑤ 对抗震设防烈度等于或大于 6 度的场地、进行场地与地基的地层效应评价。

（2）不同勘察阶段的具体内容

① 可行性研究勘察阶段。通过现场踏勘，收集区域地质、地形地貌、地震、矿产资源和文物古迹及当地和邻近地区工程建筑经验。初步查明场地的地层、构造、岩土性质、不良地质现象及水文地质等工程地质条件及其危害程度。若上述工作不能满足要求时，应根据具体情况进行工程地质测绘及必要的勘探与测绘工作，着重研究场地存在的主要工程地质问题，其比例尺一般采用 1∶25000～1∶10000。

可行性研究勘察一般采取收集和分析研究有关资料与现场调查研究相结合的方法。在这个基础上，对场地的主要工程地质条件提出评价意见。这一阶段的工作重点是对场地的稳定性和适宜性作出评价，其任务要求主要如下：

a. 收集区域地质、地形地貌、地震、矿产、当地的工程地质、岩土工程和建筑经验等资料。

b. 在充分收集和分析已有资料的基础上，通过踏勘了解场地地层、构造、岩性、不良地质作用及地下水等工程地质条件。

c. 当拟建场地工程地质条件复杂，已有资料不能满足要求时，应根据具体情况进行工程地质测绘及必要的勘探工作。

② 初步勘察阶段。初步勘察阶段主要任务是对场地内建筑地段的稳定性作出评价，并为确定建筑物总平面布置、主要建筑物地基基础工程方案及对不良地质作用的防治工程提供资料和建议。主要内容包括以下几点：

a. 收集拟建工程的有关文件、工程地质和岩土工程资料以及工程场地范围的地形图。

b. 初步查明地质构造、地层结构、岩土工程特性、地下水埋藏条件。

c. 查明场地不良地质作用的成因、分布、规模、发展趋势，并对场地的稳定性作出评价。

d. 对抗震设防烈度等于或大于 6 度的场地，应对场地和地基土的地震效应作出初步评价。

e. 季节性冻土地区，应调查场地土的标准冻土深度。

f. 初步判定水和土对建筑材料的腐蚀性。

g. 高层建筑初步勘察时，应对可能采取的地基基础类型、基坑开挖与支护、工程降水方案进行初步分析评价。

初步勘察应在收集分析已有资料的基础上，根据需要进行工程地质测绘与调查以及物探，然后进行勘探和测试工作。

③ 详细勘察阶段。详细勘察阶段的主要任务是针对不同建筑物或建筑群要求提供详细的岩土工程资料和设计所需的可靠岩土技术参数；应对建筑地基土作出岩土工程分析评价，并对其基础设计地基处理、不良地质现象的防治等具体方案作出论证和建议。

详细勘察阶段的勘察要点：查明组成地基土各层岩土的类别、结构、厚度、工程特性等；计算和评价地基的稳定性和承载力；对需要进行沉降计算的建筑物提供地基变形计算参数以预测建筑物的沉降与倾斜；预测地基建筑物在施工和使用过程中可能发生的工程地质问题并提出防治建议。

8 城市地下空间总体规划

8.1 城市地下空间总体规划原理

1. 主要任务

城市地下空间总体规划的任务是根据一定时期城市的经济和社会发展目标，通过调查研究和科学预测，结合城市总体规划的要求，提出与地面规划相协调的城市地下空间资源开发利用的方向和原则，确定地下空间资源开发利用的目标、功能、规模、时序和总体布局，合理配置各类地下空间设施的容量，统筹安排近、远期地下空间开发建设项目，并制定各阶段地下空间开发利用的发展目标和保障措施，使城市地下空间资源的开发利用得到科学、有序的发展，创造合理、有效、公正、有序的城市生活空间环境。从而指导城市地上、地下空间的和谐发展，满足城市发展和生态保护的需要。

城市总体规划的核心：一是根据不同的目的进行地下空间安排，探索和实现城市地下空间不同功能之间的互相管理关系；二是引导城市地下空间的开发，对城市地下空间进行综合布局；三是协调地下与地上的建设活动，为城市地下空间开发建设提供技术依据。

城市地下空间总体规划任务的实现，既需要社会政治经济的发展要求和相应的法律法规和管理体制的支持，又需要工程技术、生态保护、文化传统保护、空间美学设计等系统的支持。我国现阶段城市地下空间总体规划的基本任务是保护城市地下空间资源，尤其是城市空间环境的生态系统，增强城市功能，改善城市地面环境，创造和保障城市安全、健康、舒适的空间环境。

2. 工作内容

城市地下空间规划工作的基本内容是根据城市总体规划的空间规划要求，在充分研究城市的自然、经济、社会和技术发展条件的基础上，制定城市地下空间发展战略，预测城市地下空间发展规模，选择城市地下空间布局和发展方向，按照工程技术和环境的要求，综合安排城市各项地下工程设施，并提出近期控制引导措施，并将城市地下空间资源的开发利用控制在一定范围内，与城市总体规划形成一个整体，成为政府进行宏观调控的依据。城市地下空间规划的工作内容主要包括以下几个方面。

① 收集和调查基础资料。掌握城市地下空间开发利用的现状情况和发展条件，进行城市地下空间资源的可开发性和适建性评价。

② 研究确定城市地下空间发展战略。结合城市总体规划确定的社会经济发展目标及城市性质、人口规模、用地规模，进行城市地下空间开发利用的需求预测，提出城市

地下空间的发展规模。

③ 确定城市地下空间开发的功能和形态布局，进行平面和竖向空间规划。

④ 提出各专业的地下空间规划原则和控制要求，注重与人防工程设施、市政工程设施、交通工程设施、仓储设施等专项规划衔接。

⑤ 安排城市地下空间开发利用的近期建设项目，为各项工程提供依据。

⑥ 根据建设的需要和可能，提出实施规划的措施和步骤。

由于城市的自然条件、现状条件、发展战略、规模和建设速度各不相同，规划工作的内容应随具体情况而变化。在规划时要充分利用城市原有基础，如老城区的地下空间开发以解决城市问题为主，新城区的地下空间开发以解决基础设施协调发展为主。

3. 基本特点

由于城市是一个复杂的巨大系统，城市地下空间总体规划涉及城市交通、市政、通信、能源、居住、商业、文化、防灾、防空等多个方面，具体特点如下。

(1) 城市地下空间总体规划具有复杂性

城市地下空间总体规划面对的对象是非常复杂的，是由各种不同的要素之间进行协同、有序、复杂的联系之后形成的。每一个地下空间的系统都在发挥总体或部分的功能，而这些功能又因为互相影响，而变得更加复杂。城市地下空间总体规划就是在面对这些复杂性，并加以优化。

(2) 城市地下空间总体规划具有开放性

城市并不是封闭的，地下空间也同样如此。城市地下空间总体规划面对具有开放性的空间要素，就自然而然地具有了开放性的特性。总体规划需面对地上、地下系统之间、地下系统与生态要素之间、地下系统与人之间的不断能量、信息、物质交换，因此，其系统是开放的，是具有耗散性的。

(3) 城市地下空间总体规划具有系统性

城市地下空间总体规划需要对城市地下空间的各种功能进行统筹安排，使之与地面空间协调。系统性是城市地下空间规划工作的重要特点。由于城市地下空间是城市空间的一部分，在城市地下空间规划时，若只考虑城市地下空间本身的规模、功能、形态、布局等，而不考虑城市地面空间与城市地下空间的协调和互相作用，城市地下空间规划就可能不切实际。

(4) 城市地下空间总体规划具有政策性

城市地下空间规划既是对城市各种地下空间开发利用的战略部署，又是合理组织开发利用的手段，涉及国家的经济、社会、环境、文化等众多部门。特别是在城市地下空间总体规划阶段，一些重大问题的解决都必须以法律法规和方针政策为依据。例如，城市地下空间发展战略和发展规模、功能、布局等，都不单纯是技术和经济的问题，而是关系到城市发展目标、发展方向、生态环境、可持续发展等重大问题。

(5) 城市地下空间总体规划具有专业性

城市地下空间的规划、建设和管理是政府的主要职能，其目的是增强城市功能、改善城市环境和促进城市地上地下的协调发展。城市地下空间规划涉及城市规划、交通、市政、环保、防灾和防空等各个方面，由于城市地下空间在地下，规划时受到城市水文、地质、施工条件及施工方法的制约，因此，城市地下空间规划要充分考虑各专业的特点和要求，吸收各专业人员参与规划设计，同时将各专业的新技术、新工艺应用到地下空间的开发利用中，使城市地下空间规划具有先进性。

4. 调查研究与基础资料

调查研究是城市地下空间总体规划必要的前期工作，必须在弄清城市发展的自然、社会、历史、文化背景以及经济发展的状况和生态条件的基础上，找出城市建设发展中拟解决的主要矛盾和问题，特别是城市交通、城市环境、城市空间要求等重大问题。调查研究的过程也是城市地下空间规划方案的孕育过程，是对城市地下空间从感性认识上升到理性认识的必要过程，调查研究所获得的基础资料是城市地下空间规划定性、定量分析的主要依据。

（1）城市地下空间规划的调查研究工作

① 现场踏勘。进行城市地下空间规划时，必须对城市的概貌、城市地上空间、地下空间有明确的形象概念，重要的地上、地下工程也必须进行认真的现场踏勘。

② 基础资料的收集与整理。主要应取自当地城市规划部门积累的资料和有关主管部门提供的专业性资料，主要包括城市工程地质、水文地质资料、城市地下空间资源现状、城市地下空间利用现状、城市交通、环境现状和发展趋势等。

③ 分析研究。将收集到的各类资料和现场踏勘中反映出来的问题，加以系统的分析整理、去伪辨真、由表及里，从定性到定量地研究城市地下空间在解决城市问题、增强城市功能、改善城市环境等方面的作用，从而提出通过城市地下空间开发利用解决这些问题的对策，制定出城市地下空间规划方案。

（2）城市地下空间总体规划应具备的基础资料

① 地质资料。包括工程地质和水文地质基础资料。

② 勘察资料。重点地段和重点区域的初步勘察资料。

③ 城市测量资料。主要包括城市平面控制网和高程控制网，城市地下工程及地下管线等专业测量图以及编制城市地下空间规划必备的各种比例尺的地形图。

④ 气象资料。主要包括温度、湿度、降水、蒸发、风向、风速、冰冻等基础资料。

⑤ 社会经济资料。城市主要的人口、GDP、发展速度、经济水平等社会经济资料。

⑥ 城市地下空间利用现状。主要包括城市地下空间开发利用的规模、数量、主要功能、分布及状况等基础资料。

⑦ 城市人防工程现状及发展趋势。主要包括城市人防工程现状、人防工程建设目标和布局要求、人防工程建设发展趋势等有关资料。

⑧ 城市交通资料。主要包括城市交通现状、交通发展趋势、轨道交通规划、汽车增长情况及停车状况等。

⑨ 城市土地利用资料。主要包括现状及历年城市土地利用分类统计、城市用地增长情况、规划区内各类用地分布情况等。

⑩ 城市市政设施资料。主要包括城市市政设施的场站及其设置与规模、管线系统、容量以及市政设施规划等。

⑪ 城市环境资料。主要包括影响城市环境质量有害因素的分布状况和危害情况以及其他危害居民健康的环境资料。

8.2 城市地下功能、结构与形态

1. 城市总体布局与城市结构

（1）城市的构成要素与系统

一个城市从诞生到发展通常要经历漫长的过程，城市发展的趋势和整体结构一旦形成往往难以改变。通常，构成城市的主要组成部分以及影响城市总体布局的主要因素涉及城市功能与土地利用、城市道路交通系统、城市开敞空间系统以及城市构成要素间的关系。

人类的各种活动聚集在城市中，占用相应的空间，并形成各种类型的用地。《雅典宪章》将城市的功能概括为"居住、工作、游憩和交通"。城市中的土地利用状况，如各种居住区、商业区、工业区及各类公园、绿地、广场等决定了该土地的使用性质。一定规模相同或相近类型的用地集合在一起所构成的地区形成了城市中的功能分区，成为城市构成要素的重要组成部分。

城市功能区主要有居住用地、工业产业用地及商业商务用地及各类设施用地。不同类型的城市功能区在城市总体布局与结构中所起到的作用是不同的。商业商务功能区具有较强的对其他功能区中人员的吸引力以及较小的规模和较高的密度，形成影响甚至左右城市总体布局和结构的核心功能区——城市中心区。

城市中的各功能区并不是独立存在的，它们之间需要有便捷的通道来保障大量的人与物的交流。城市中的干道系统以及大城市中的有轨交通系统在担负起这种通道功能的同时也构成了城市骨架。通常，一个城市的整体形态在很大程度上取决于道路网的结构形式。常见的城市道路网形态的类型有放射环状（如东京、巴黎、伦敦等）、方格网状（如美国纽约曼哈顿岛等）、方格网、放射环状混合型（如北京、芝加哥等）及方格网加斜线型（如美国华盛顿等）。

（2）城市结构

由于城市功能差异而产生的各种地区（面状）、核心（点状）、主要交通通道（线状）以及相互之间的关系共同构成了通常所称的城市结构，它是城市形态的构架。城市结构反映城市功能活动的分布及其内在的联系，是城市、经济、社会、环境及空间各组成部分的高度概括，是它们之间相互关系与相互作用的抽象写照，是城市布局要素的概念化表示与抽象表达。

城市结构还将城市发展的战略性内容，特别是靠近发展战略的内容通过形象的方式表达出来，起到由抽象的城市发展战略向具体的城市空间布局规划过渡的桥梁作用。例如，胡俊在对我国 176 个人口规模在 20 万人以上的城市空间结构进行分析后，将我国的城市空间结构归纳为集中块状、连片放射状、连片带状、双城、分散型城镇、一城多镇以及带卫星城的大城市 7 种城市空间结构类型。赵炳时提出了采用总平面图解式的形态分类方法，将城市结构形态归纳为集中型、带型、放射型、星座型、组团型、散点型 6 种。归纳起来，我国城市结构可分为三种类型，即团状结构、中心开敞型结构、完全兴建型结构。

（3）城市布局

城市是各种城市活动在空间上的投影。城市布局反映了城市活动的内在需求与可获得的外部条件。影响城市总体布局的因素一般可分为以下几个方面：自然环境条件、区域条件、城市功能布局、交通体系与路网结构、城市布局整体构思。

城市布局遵循的原则包括着眼全局和长远利益、保护自然资源与生态资源、采用合理的功能布局与清晰的结构、兼顾城市发展理想与现实。

2. 城市形态与地下空间形态构成

（1）城市形态构成

城市形态是一种复杂的经济、文化现象和社会过程，是在特定的地理环境和一定的社会历史条件下，人类各种活动与自然环境相互作用的结果。它是由结构（要素的空间布置）、形状（城市的空间轮廓）和要素之间的相互关系所构成的一个空间系统。城市形态的构成要素可概括为道路、街区、节点和发展轴。道路是构成城市形态的基本骨架，是指人们经常通行的或有通行能力的街道、铁路、公路与河流等。道路具有连续性或方向性，并将城市平面划分为若干街区。城市中道路网密度越高，城市形态的变化就越迅速。同时道路网的结构和相互连接方式决定了城市的平面形式，并且城市的空间结构在很大程度上也取决于道路所提供的可达性。街区是由道路所围合起来的平面空间，具有功能均质性的潜能。

城市中各种功能的建筑物、人流集散点、道路交叉点、广场、交通站以及具有特征事物的聚合点，是城市中人流、交通流等聚集的特殊地段，这些特殊地段构成了城市的节点。

城市发展轴主要是由具有离心作用的交通干线（包括公路、地铁线路等）所组成，轴的数量、角度、方向、长度、伸展速度等将直接构成城市不同的外部形态，并决定着城市形态在某一时期的阶段性发展方向。

（2）地下空间形态构成

城市地下空间的开发利用是城市功能从地面向地下的延伸，是城市空间的三维式扩展。在形态上，城市地下空间是城市形态的映射；在功能上，城市地下空间是城市功能的延伸和拓展，也是城市空间结构的反映。城市地下空间的形态是各种地下结构（要素在地下空间的布置）、形状（城市地下空间开发利用的整体空间轮廓）和相互关系所构成的一个与城市形态相协调的地下空间系统。城市地下空间的形态要素可以概括为"点""线""面""体"4个方面。

①"点"即点状地下空间设施。相对于城市总体形态而言，它们一般占据很小的平面面积，如公共建筑的地下层、单体地下商场、地下车库、地下人行过街地道、地下仓库、地下污水处理场、地下变电站等都属于点状地下空间设施。这些设施是城市地下空间构成的最基本要素，也是能完成某种特定功能的最基本单元。

②"线"即线状地下空间设施。相对于城市总体形态而言，呈线性状态分布。如地铁、地下市政设施管线、长距离地下公路隧道等设施。线性地下设施一般分布于城市道路下部，构成城市地下空间形态的基本骨架。没有线性设施的连接，城市地下空间的开发利用在城市总体形态中仅仅是一些散乱分布的点，不可能形成整体的平面轮廓，并且也不会带来很高的总体效益。因此，线性地下空间设施作为连接点状地下设施的纽带，

是地下空间形态构成的基本要素和关键，也是与城市地面形态相协调的基础，为城市总体功能运行效率的提高提供了有力的保障。

③"面"即由点状和线状地下空间设施组成的较大面积的面状地下空间设施。它主要是由若干点状地下空间设施通过地下联络通道相互连接，并直接与城市中的线性地下空间设施（以地铁为主）连通而形成的一组具有较强的内部联系的面状地下空间设施群。如加拿大蒙特利尔地下城以及我国上海等城市各主要功能区域正在逐步形成和完善具有较大规模的地下空间设施群。地下空间利用图见图8-1。

图 8-1　日本建筑株式会社设计的地下空间利用图

④"体"即在城市较大区域范围内由已开发利用的地下空间各分层平面通过各种水平和竖向的连接通道等进行联络而形成的，并与地面功能和形态高度协调的大规模网络化、立体型的城市地下空间体系。立体型的地下空间布局是城市地下空间开发利用的高级阶段，也是城市地下空间开发利用的目标。它能够大规模地提高城市容量、拓展城市功能、改善城市生态环境，并为城市集约化的土地利用和城市各项经济社会活动的有序高效运行提供强有力的保障。

3. 城市地下空间布局与城市规划的关系

地下空间的总体布局与城市地面空间的总体布局有着密切的联系。其主要表现在与城市自然环境的关系、与城市用地规划的关系、与城市交通路网规划的关系等几个方面。

（1）地下空间布局与城市自然环境的关系

这里的自然条件主要指城市的位置、地形、地质和气候，经过地下空间资源评估工作后，不同质量等级的地下空间资源的分布状况与开发潜力已经明确，一般情况下，地下空间需求比较集中的地区多处在高质量等级的地下空间资源范围内，对地下空间的平面布局和开发强度不会产生不利的影响。如果局部地区有不良地质条件存在，在地下空间平面布局上就应考虑避开。有时地形状况和底层构造也会对地下空间布局有一定影响。例如，有的城市中心区有山体，有的城市土层厚薄不一，这时的地下空间布局就应适应土层和岩层不同介质的情况。关于气候的影响，主要是对处于严寒、酷暑、风沙等不良气候区域的城市，地下空间的布局，最主要的一个出发点是为了改善居民出行条件和使城市活动避开不良气候的影响。如加拿大的蒙特利尔、多伦多，美国的费城、达拉斯等城市以地下步行通道系统为主的地下空间布局就属于这种情况。

（2）地下空间布局与城市用地规划的关系

城市用地规划是城市总体规划的重要内容，即对城市各主要功能区的位置、用地面积、占城市建设用地的比例、人均用地指标等，作出明确的布局和规定，包括城市中心区、副中心区、商业区、工业区、居住区、文教区、仓储设施、道路广场、绿地、对外交通（车站、机场、码头等）、市政设施等，沿海城市还有港口用地，有的城市还有特殊用地，如军事设施等。用地规划实际上决定了城市地面空间的总体布局，也在相当大程度上影响地下空间的总体布局。地下空间的功能配置与总体规划不能是孤立的、随意的，只能与地面空间布局（反映在用地规划上）相协调或作为补充，也只有这样才能真正做到城市地面、上部、下部空间的协调发展。

（3）地下空间布局与城市交通路网规划的关系

路网结构决定了道路地下空间的布局。长期以来，道路地下空间多被市政公用设施的各种管线所占用，多为分散直埋，没有形成空间，但却占用了地面以下 5～6m 开发价值最高的地下空间资源，是一种资源的浪费。这种状况只有在市政公用设施系统实现大型化、综合化，用综合管线廊道代替分散直埋以后，情况才能有所改善。日本在城市繁华地区干道下开发建设地下商业街，把市政管线组织在统一的结构中，就是这种做法的成功案例。

4. 城市地下空间功能、结构与形态的关系

（1）城市形态与地下空间形态的关系

城市作为一个非平衡的开放系统，其功能与形态的演变总是沿着"无序—有序—无序"这样一种螺旋式的演变与发展模式。城市形态演变的动力源于城市"功能—形态"的适应性关系，当城市形态结构适应其功能发展时，能够通过其内部空间结构的自发调整保持自身的暂时稳定；反之，当城市形态与功能发展不相适应时，只有通过打破旧的城市形态并建立新的形态结构以满足城市功能的要求。地下空间形态与城市形态的关系，主要体现在以下几个方面。

① 从属关系。城市地下空间形态始终是城市空间形态结构的一个组成部分，地下空间形态演变的目的是为了与城市形态保持协调发展，使城市形态能够更好地满足城市功能的需求。城市地下空间形态与城市形态的从属关系通过二者的协调发展来体现，当它们能够协调发展时，城市的功能便能够得到发挥，从而体现出较强的集聚效益。

② 制约关系。城市地下空间形态在城市形态的演变过程中，并不单纯体现出消极的从属关系，还体现出一种相互制约的关系，两者之间相互协调、相互制约的辩证发展，促使城市形态趋于最优化以便适应城市功能的要求。

③ 对应关系。城市地下空间形态与城市形态的对应关系，是从属关系与制约关系的综合体现，也是两者协调发展的基础。对应关系表现在地上空间与地下空间整体形态

上的对应，以及地下空间形态的构成要素分别与城市上部形态结构的对应。此外，城市地下空间还在开发功能和数量上与上部空间相对应，这既是城市地下空间与城市空间的从属、制约关系的综合表现，也是城市作为一个非平衡开放系统，其有序性在城市地下空间子系统中的具体反映。

（2）城市地下空间功能、结构与形态的关系

城市地下空间是城市空间的一部分，城市地下空间布局与城市总体布局密切相关。城市地下空间的功能活动，体现在城市地下空间的布局中，把城市的功能、结构与形态作为研究城市地下空间布局的切入点，有利于把握城市地下空间发展的内涵关系，提高城市地下空间布局的合理性和科学性。

城市是由多种复杂系统所构成的有机体，城市功能是城市存在的本质特征，是城市系统对外部环境作用和秩序的体现。城市地下空间功能是城市功能在地下空间上的具体体现，城市地下空间功能的多元化是城市地下空间产生和发展的基础，是城市功能多元化的条件。但一个城市地下空间的容量是有限的，若不强调城市地下空间功能的分工，势必造成城市地上与地下功能的失调，无法实现解决各种城市问题的目的。

由于城市问题的不断出现，人们为了解决这些问题而寻求的出路之一是城市地下空间的开发利用。因此，城市地下空间功能的演化与城市发展过程密切相关。在工业社会以前，由于城市的规模较小，人们对城市环境的要求较低，城市交通矛盾不够突出，因此城市地下空间开发利用很少，而且其功能也比较单一。进入工业化社会后，城市规模越来越大，城市的各种矛盾越来越突出，城市地下空间就越来越受到重视，1863年世界第一条地铁在英国伦敦建造，这标志着城市地下空间功能从单一功能向以解决城市交通为主的功能转化。此后世界各地相继建造了地铁来解决城市的交通问题，目前世界上有许多城市修建了地铁线。

城市地下空间结构是城市地下空间主要功能在地下空间形态演化中的物质表现形式，主要指地下空间的发展轴线，它研究城市地下空间之间的内在联系。城市地下空间的功能是城市地下空间发展的动力，城市地下空间的结构是城市地下空间构成的主体，表现为经济、社会、用地、资源、基础设施等系统结构。政策、体制、机制等因素也应予以重视，从城市地下空间形态的变化也可看到城市发展轨迹的缩影。

城市地下空间的功能和结构之间应保持相互配合、相互促进的关系。一方面，功能的变化往往是结构变化的先导，城市地下空间常因功能上的变化而最终导致结构的变化；另一方面，结构一旦发生变化，又要求有新的功能与之配合。通过城市地下空间功能、结构和形态的相关性分析，可以进一步理解城市地下空间功能、结构和形态之间相关的影响因素，在总体上力求强化城市地下空间综合功能，完善城市地下空间结构，以创造良好的地下空间形态。

5. 城市地下空间与地面空间的连接

（1）城市地下空间与地面空间的连接

作为一个系统的城市地下空间，不是单一层面上的空间构成，而是在空间和时间上有机联系和相互作用的产物，是形态上和功能上复合开发的统一体。城市地下空间开发利用是现代城市的集聚效应和立体化、集约化发展的要求，它揭示了城市发展与地下空间开发之间的内在联系，地下空间开发与城市发展相互依存是地下空间开发的根本规

律。现代城市是"人（车）流、物流、价值流、信息流、能量流"五流并举的复杂开放系统，为保障"五流"畅通，城市地下空间发挥了重要的作用。交通设施主要组织人（车）流、物流的循环；公共服务设施则主要组织商业文化价值的流动和人流、物流的静态缓冲；市政设施主要组织信息流的循环；防灾设施主要作为发生自然和人为灾害时人流、物流的主要节点。

城市地下空间与城市空间的关联集合强调了地下空间要素与城市空间要素之间的联系或关联。通过对这些联系以及促成这些联系的纽带和途径的各种联系的分析来挖掘空间要素的组合规律及其动因，即旨在形成一种关联系统或一种网络，从而建立合理、有序、协调的城市空间秩序。

（2）空间连接模式的类型

地下公共服务设施空间与地上城市空间的连接部分是地下结构往地上建筑过渡的空间，也是城市地下空间设计的重点研究内容。根据国内外的优秀案例，在此将地下公共服务设施空间与地上城市空间的连接模式归纳为以下 3 类。

① 通道式。通道式指地下公共服务设施空间与地上城市空间的连接由地下通道连接，通往商业建筑地下室，或是由楼梯、自动扶梯直接进入商业建筑中，这是较为简单的设计手法。通道式连接具有明确的交通空间，内部人流容易组织，方向性强，人流通行不受干扰，但是这样的内部空间过于单调和呆板，功能单一，在过渡与衔接、对比与变化以及空间序列与节奏的处理上不够丰富。

② 开放式。开放式连接的实质是内、外空间的相互渗透，既丰富了空间层次，又改善了地下封闭内向的空间环境。一般来说，大型商业建筑尤其是高层建筑常将下沉广场与地下室结合起来处理建筑底部区域，而这类下沉广场也常与地下轨道交通系统连接，使建筑的个体功能成为城市整体功能的一部分，使之形成互动效应。下沉广场是联系上、下部空间的有效手法，广场、绿地的地下空间可以与地铁车站建立良好的连接，解决广场、绿地及其地下空间大量人流的集散问题，或者兴建地下车库，解决周边商业区的停车难问题。

③ 网络式。网络式连接主要是针对城市中心区和次中心区，以地铁站为枢纽点，通过多条地下步行道与周围大型商业建筑的地下室连接，形成一个步行商业街的新区域，空间效果好，创造了新的商业界面。具体设计手法是设置地下商业空间直接通向地铁车站，通过引导延伸至大型购物中心的地下层，实现交通疏散，使交通和商业互惠互利，形成辐射力很强的地下综合体。

8.3 城市地下空间总体规划功能

1. 城市用地分类

根据《城市用地分类与规划建设用地标准》（GB 50137—2011），我国城市建设用地共分为 8 大类、35 中类、44 小类。8 大类用地包括居住用地、公共管理与公共服务用地（行政办公、文化设施、教育科研、体育、医疗卫生、社会福利设施、文物古迹、外事及宗教）、商业服务业设施用地（商业设施、商务设施、娱乐康体、公用设施及其他服务设施)、工业用地、物流仓储用地、交通设施用地(城市道路、轨道交通线路、综合交通枢纽、交通场站、其他交通设施)、公用设施用地(供应设施、环境设施、安全设施、其他公用设施)、绿地(公园绿地、防护绿地、广场绿地)(表8-1)。

表8-1 城市建设用地分类表

类别代码			类别名称	范围
大类	中类	小类		
R			居住用地	住宅和相应服务设施的用地
	R1		一类居住用地	公用设施、交通设施和公共服务设施齐全、布局完整、环境良好的低层住区用地
		R11	住宅用地	住宅建筑用地、住区内城市支路以下的道路、停车场及其社区附属绿地
		R12	服务设施用地	住区主要公共设施和服务设施用地,包括幼托、文化体育设施、商业金融、社区卫生服务站、公用设施等用地,不包括中小学用地
	R2		二类居住用地	公用设施、交通设施和公共服务设施较齐全、布局较完整、环境良好的多、中、高层住区用地
		R20	保障性住宅用地	住宅建筑用地、住区内城市支路以下的道路、停车场及其社区附属绿地
		R21	住宅用地	
		R22	服务设施用地	住区主要公共设施和服务设施用地,包括幼托、文化体育设施、商业金融、社区卫生服务站、公用设施等用地,不包括中小学用地
	R3		三类居住用地	公用设施、交通设施不齐全,公共服务设施较欠缺,环境较差,需要加以改造的简陋住区用地,包括危房、棚户区、临时住宅等用地
		R31	住宅用地	住宅建筑用地、住区内城市支路以下的道路、停车场及其社区附属绿地
		R32	服务设施用地	住区主要公共设施和服务设施用地,包括幼托、文化体育设施、商业金融、社区卫生服务站、公用设施等用地,不包括中小学用地
A			公共管理与公共服务用地	行政、文化、教育、体育、卫生等机构和设施用地,不包括居住用地中的服务设施用地
	A1		行政办公用地	党政机关、社会团体、事业单位等机构及其相关设施用地
	A2		文化设施用地	图书、展览等公共文化活动设施用地
		A21	图书展览设施用地	公共图书馆、博物馆、科技馆、纪念馆、美术馆和展览馆、会展中心等设施用地
		A22	文化活动设施用地	综合文化活动中心、文化馆、青少年宫、儿童活动中心、老年活动中心等设施用地

续表

类别代码			类别名称	范围
大类	中类	小类		
	A3		教育科研用地	高等院校、中等专业学校、中学、小学、科研事业单位等用地，包括为学校配建的独立地段的学生生活用地
		A31	高等院校用地	大学、学院、专科学校、研究生院、电视大学、党校、干部学校及其附属用地，包括军事院校用地
		A32	中等专业学校用地	中等专业学校、技工学校、职业学校等用地，不包括附属于普通中学内的职业高中用地
		A33	中小学用地	中学、小学用地
		A34	特殊教育用地	聋、哑、盲人学校及工读学校等用地
		A35	科研用地	科研事业单位用地
	A4		体育用地	体育场馆和体育训练基地等用地，不包括学校等机构专用的体育设施用地
		A41	体育场馆用地	室内外体育运动用地，包括体育场馆、游泳场馆、各类球场及其附属的业余体校等用地
		A42	体育训练用地	为各类体育运动专设的训练基地用地
	A5		医疗卫生用地	医疗、保健、卫生、防疫、康复和急救设施等用地
		A51	医院用地	综合医院、专科医院、社区卫生服务中心等用地
		A52	卫生防疫用地	卫生防疫站、专科防治所、检验中心和动物检疫站等用地
		A53	特殊医疗用地	对环境有特殊要求的传染病、精神病等专科医院用地
		A59	其他医疗卫生用地	急救中心、血库等用地
	A6		社会福利设施用地	为社会提供福利和慈善服务的设施及其附属设施用地，包括福利院、养老院、孤儿院等用地
	A7		文物古迹用地	具有历史、艺术、科学价值且没有其他使用功能的建筑物、构筑物、遗址、墓葬等用地
	A8		外事用地	外国驻华使馆、领事馆、国际机构及其生活设施等用地
	A9		宗教设施用地	宗教活动场所用地
B			商业服务业设施用地	各类商业、商务、娱乐康体等设施用地，不包括居住用地中的服务设施用地以及公共管理与公共服务用地内的事业单位用地
	B1		商业设施用地	各类商业经营活动及餐饮、旅馆等服务业用地
		B11	零售商业用地	商铺、商场、超市、服装及小商品市场等用地
		B12	农贸市场用地	以农产品批发、零售为主的市场用地
		B13	餐饮业用地	饭店、餐厅、酒吧等用地
		B14	旅馆用地	宾馆、旅馆、招待所、服务型公寓、度假村等用地

类别代码			类别名称	范围
大类	中类	小类		
	B2		商务设施用地	金融、保险、证券、新闻出版、文艺团体等综合性办公用地
		B21	金融保险业用地	银行及分理处、信用社、信托投资公司、证券期货交易所、保险公司，以及各类公司总部及综合性商务办公楼宇等用地
		B22	艺术传媒产业用地	音乐、美术、影视、广告、网络媒体等的制作及管理设施用地
		B29	其他商务设施用地	邮政、电信、工程咨询、技术服务、会计和法律服务以及其他中介服务等的办公用地
	B3		娱乐康体用地	各类娱乐、康体等设施用地
		B31	娱乐用地	单独设置的剧院、音乐厅、电影院、歌舞厅、网吧以及绿地率小于65％的大型游乐等设施用地
		B32	康体用地	单独设置的高尔夫练习场、赛马场、溜冰场、跳伞场、摩托车场、射击场，以及水上运动的陆域部分等用地
	B4		公用设施营业网点用地	零售加油、加气、电信、邮政等公用设施营业网点用地
		B41	加油加气站用地	零售加油、加气以及液化石油气换瓶站用地
		B49	其他公用设施营业网点用地	电信、邮政、供水、燃气、供电、供热等其他公用设施营业网点用地
	B9		其他服务设施用地	业余学校、民营培训机构、私人诊所、宠物医院等其他服务设施用地
M			工业用地	工矿企业的生产车间、库房及其附属设施等用地，包括专用的铁路、码头和道路等用地，不包括露天矿用地
	M1		一类工业用地	对居住和公共环境基本无干扰、污染和安全隐患的工业用地
	M2		二类工业用地	对居住和公共环境有一定干扰、污染和安全隐患的工业用地
	M3		三类工业用地	对居住和公共环境有严重干扰、污染和安全隐患的工业用地
W			物流仓储用地	物资储备、中转、配送、批发、交易等的用地，包括大型批发市场以及货运公司车队的站场（不包括加工）等用地
	W1		一类物流仓储用地	对居住和公共环境基本无干扰、污染和安全隐患的物流仓储用地
	W2		二类物流仓储用地	对居住和公共环境有一定干扰、污染和安全隐患的物流仓储用地
	W3		三类物流仓储用地	存放易燃、易爆和剧毒等危险品的专用仓库用地

类别代码			类别名称	范围
大类	中类	小类		
S			交通设施用地	城市道路、交通设施等用地
	S1		城市道路用地	快速路、主干路、次干路和支路用地，包括其交叉路口用地，不包括居住用地、工业用地等内部配建的道路用地
	S2		轨道交通线路用地	轨道交通地面以上部分的线路用地
	S3		综合交通枢纽用地	铁路客货运站、公路长途客货运站、港口客运码头、公交枢纽及其附属用地
	S4		交通场站用地	静态交通设施用地，不包括交通指挥中心、交通队用地
		S41	公共交通设施用地	公共汽车、出租汽车、轨道交通（地面部分）的车辆段、地面站、首末站、停车场（库）、保养场等用地，以及轮渡、缆车、索道等的地面部分及其附属设施用地
		S42	社会停车场用地	公共使用的停车场和停车库用地，不包括其他各类用地配建的停车场（库）用地
	S9		其他交通设施用地	除以上之外的交通设施用地，包括教练场等用地
U			公用设施用地	供应、环境、安全等设施用地
	U1		供应设施用地	供水、供电、供燃气和供热等设施用地
		U11	供水用地	城市取水设施、水厂、加压站及其附属的构筑物用地，包括泵房和高位水池等用地
		U12	供电用地	变电站、配电所、高压塔基等用地，包括各类发电设施用地
		U13	供燃气用地	分输站、门站、储气站、加气母站、液化石油气储配站、灌瓶站和地面输气管廊等用地
		U14	供热用地	集中供热锅炉房、热力站、换热站和地面输热管廊等用地
		U15	邮政设施用地	邮政中心局、邮政支局、邮件处理中心等用地
		U16	广播电视与通信设施用地	广播电视与通信系统的发射和接收设施等用地，包括发射塔、转播台、差转台、基站等用地
	U2		环境设施用地	雨水、污水、固体废物处理和环境保护等的公用设施及其附属设施用地
		U21	排水设施用地	雨水、污水泵站、污水处理、污泥处理厂等及其附属的构筑物用地，不包括排水河渠用地
		U22	环卫设施用地	垃圾转运站、公厕、车辆清洗站、环卫车辆停放修理厂等用地
		U23	环保设施用地	垃圾处理、危险品处理、医疗垃圾处理等设施用地
	U3		安全设施用地	消防、防洪等保卫城市安全的公用设施及其附属设施用地
		U31	消防设施用地	消防站、消防通信及指挥训练中心等设施用地
		U32	防洪设施用地	防洪堤、排涝泵站、防洪枢纽、排洪沟渠等防洪设施用地
	U9		其他公用设施用地	除以上之外的公用设施用地，包括施工、养护、维修设施等用地

续表

类别代码			类别名称	范围
大类	中类	小类		
G			绿地	公园绿地、防护绿地等开放空间用地，不包括住区、单位内部配建的绿地
	G1		公园绿地	向公众开放，以游憩为主要功能，兼具生态、美化、防灾等作用的绿地
	G2		防护绿地	城市中具有卫生、隔离和安全防护功能的绿地，包括卫生隔离带、道路防护绿地、城市高压走廊绿带等
	G3		广场用地	以硬质铺装为主的城市公共活动场地

2. 功能确定原则

根据城市地下空间的特点，其功能的确定应遵循以下原则。

（1）以人为本原则

城市地下空间开发应遵循"人在地上，物在地下""人的长时间活动在地上，短时间活动在地下""人在地上，车在地下"等原则。目的是建设以人为本的现代化城市，与自然相协调发展的"山水城市"，将尽可能多的城市空间留给人休憩、享受自然。

（2）适应性原则

应根据地下空间的特性，对适宜进入地下的城市功能应尽可能地引入地下，对不适应的城市功能，切勿盲目引入地下。技术的进步拓展了城市地下空间的范围，原来不适应的可以通过技术改造变成适应的，地下空间的内部环境与地面建筑室内环境的差别不断缩小。因此对于这一原则，应根据这一特点进行分段分析，并具有一定的前瞻性，同时对阶段性的功能给予一定的明确说明。

（3）上下对应原则

城市地下空间的功能分布与地面空间的功能分布有很大联系，地下空间的开发利用是地面的补充，扩大了地面的城市容量，将二维空间转变为三维空间，满足了对某种城市功能的需求，地下管网、地下交通、地下公共设施均有效地满足了城市发展对其功能空间的需求。

（4）协调发展原则

城市的发展不仅要求扩大空间容量，同时应对城市环境进行改造，地下空间开发利用成为改造城市环境的必由之路。单纯地扩大空间容量不能解决城市综合环境问题，单一地解决问题对全局并不一定有益。交通问题、基础设施问题、环境问题是相互作用、相互促进的，因此必须做到一盘棋，即协调发展。城市地下空间规划必须与地面空间规划相协调，只有做到城市地上、地下空间资源统一规划，才能实现城市地下空间对城市发展的重要促进作用。

3. 城市地下空间功能的混合利用

根据城市地下空间的使用情况和地下城市用地性质的不同，地下空间的功能在城市建设用地下具体表现为防灾功能、商业功能、交通集散功能、停车功能、市政设施功能、工业仓储功能等。地下空间的功能与地面不同，呈现出不同程度的混合性，具体分为以下 3 个类型。

（1）简单功能

地下空间的功能相对单一，对相互之间的连通不做强制性要求。如地下防灾、静态交通、市政设施、工业仓储功能等。

（2）混合功能

不同地块地下空间的功能会因不同用地性质、不同区位、不同发展要求呈现出多种功能相混合，表现为"地下商业＋地下停车＋交通集散空间＋其他功能"。当前各类混合功能的地下空间缺乏连通，为促进地下空间的综合利用，应鼓励混合功能地下空间之间相互连通。

（3）系统功能

在地下空间开发利用的重点地区和主要节点，地下空间不仅表现为混合功能，而且表现出与地铁、交通枢纽以及与其他用地地下空间的相互连通，形成功能更为综合、联系更为紧密的系统功能。系统功能的地下空间主要强调其连通性和综合性。

在这中间系统功能利用效率、综合效益最高。中心城区商业中心区、行政中心、新区与 CBD 等城市中心区地下空间开发在规划设计时，应结合交通集散枢纽、地铁站，把系统功能作为规划设计方向。居住区、大型园区地下空间开发的规划设计应充分体现混合功能。

4. 其他较特殊用地的地下空间功能

（1）公共绿地

城市公共绿地地下空间开发利用应严格控制，以局部、小范围开发利用为原则，视具体情况开发利用地下空间。规划公共绿地根据不同的类型、位置和规模，结合城市周边和环境，在一定的范围内因地制宜安排多种地下空间功能，同时应满足园林绿化的法规和技术要求。

（2）水域

水域下方原则上不得安排与其功能无关的地下空间，但城市公用的管网、隧道、地铁、道路可穿越。

（3）文物

文物下方原则上不得安排开发类的地下空间，但可根据实际需要，在地下安排文化、保护、储藏、设备等必需的功能。

（4）历史文化保护区

历史文化保护区具有特殊性，其中对于更新类建筑物在更新的过程中可因地制宜地安排地下空间，其功能可根据需求灵活安排。

8.4 城市地下空间总体规划布局

1. 布局的基本原则

城市地下空间涉及城市的方方面面，且须考虑与城市地上空间的协调，城市地下空间的总体布局除要符合城市总体布局必须遵循的基本原则外，还应遵循下面的基本原则。

（1）可持续发展原则

可持续发展涉及经济、自然和社会3个方面，涉及经济可持续发展、生态可持续发展和社会可持续发展协调统一。力求以人为中心的"经济—社会—自然"复合系统的持续发展，以保护城市地下空间资源、改善城市生态环境为首要任务，使城市地下空间开发利用有序进行，实现城市地上地下空间的协调发展。

（2）系统综合原则

城市地下空间的建设实践证明，城市地下空间必须与地上空间作为一个整体来分析研究。充分考虑和全面安排城市交通、市政、商业、居住、防灾等，这是合理制订城市地下空间布局的前提，也是协调城市地下空间各种功能组织的必要依据。一旦城市地下空间得到地上空间的支持，将充分发挥城市地下空间的功能作用，反过来会有力地推动城市地上空间的合理利用。

（3）集聚发展原则

城市土地开发的理想循环应是在空间容量协调的前提下，土地价格上升到一定阈值，吸引人力、财力的集中，从而保证土地开发的强度。土地开发强度的上升，再一次集中了人力、财力……这种良性循环，是自觉或不自觉地强调集聚原则的结果。因此，在城市中心区发展与地面对应的地下空间，可用于相应的用途功能（或适当互补的），从而与地面上部空间产生更大的集聚效应，创造更多的综合效益。

（4）土地价值原则

根据城市土地价值的高低，可以绘出城市土地价值等值线。一般而言，土地价值高的地区，商业服务和商务建筑多、交通压力大、经济也更发达。根据城市土地价值等值线，可以找到地下空间开发的起始点及以后的发展方向。无疑，起始点应是土地价值的最高点，这里土地价格高，城市问题最易出现，地下空间一旦开发，经济、社会和防灾效益都是最高的。地下空间沿等值线方向发展，这一方向上土地价值衰减慢，发展潜力大，沿此方向开发利用地下空间，既可避免地上空间开发过于集中、孤立，又有利于有效地发挥滚动效益。

2. 布局的基本方法

（1）以城市形态为发展方向

与城市形态相协调是城市地下空间形态的基本要求，城市形态有单轴式、多轴环状式、多轴放射式等。例如，我国兰州、西宁、扬州等城市呈带状分布，城市地下空间的发展轴应尽量与城市发展轴一致，这样的形态易于发展和组织，但当发展趋于饱和时，地下空间的形态会变成城市发展的制约因素。城市通常相对于中心区呈多轴方向发展，城市也呈同心圆式扩展，地铁呈环状布局，城市地下空间整体形态呈现多轴环状发展模式。城市受到特有的形态限制，轨道交通不仅是交通轴，而且是城市的发展轴，城市空间的形态与地下空间的形态不完全是单纯的从属关系。多轴放射发展的城市地下空间有利于形成良好的城市地面生态环境，并为城市的发展留有更大的余地。

（2）以城市地下空间功能为基础

城市地下空间与城市空间在功能和形态方面有着密不可分的关系，城市地下空间的形态与功能同样存在相互影响、相互制约的关系，城市是一个有机的整体，上部与下部不能脱节，它们的对应关系显示了城市空间不断演变的客观规律。

（3）以城市轨道交通网络为骨架

轨道交通在城市地下空间规划中不仅具有功能性，同时在地下空间的形态方面起着重要作用。城市轨道交通对城市交通发挥作用的同时，也成为城市规划和形态演变的重要部分，尽可能地将地铁联系到居住区、城市中心区、城市新区，提高土地的使用强度。地铁车站作为地下空间的重要节点，通过向周围辐射，扩大地下空间的影响力。

地铁在城市地下空间中规模最大并且覆盖面广，地铁线路的选择充分考虑了城市各方面的因素，把城市各主要人流方向连接起来，形成网络。因此，地铁网络实际上是城市结构的综合反映，城市地下空间规划以地铁为骨架，可以充分反映城市各方面的关系。另外，除考虑地铁的交通因素外，还应考虑到车站综合开发的可能性，通过地铁车站与周围地下空间的连通，增强周围地下空间的活力，提高开发城市地下空间的积极性。

（4）以大型地下空间为节点

城市中心对交通空间的需求，对第三产业空间的需求都促使地下空间的大规模开发，土地级差更加有利于地下空间的利用。由于交通的效益是通过其他部门的经济利益显示出来的，因此容易被忽视，而交通的作用具有社会性、分散性和潜在性，更应受到重视，应以交通功能为主，并保持商业功能和交通功能的同步发展。网状的地下空间形成较大的人流，应通过不同的点状地下设施加以疏散，不应对地面构成压力。大型的公共建筑、商业建筑、写字楼等通过地下空间的相互联系，形成更大的商业、文化、娱乐区。大型的地下综合体担负着巨大的城市功能，城市地下空间的作用也更加显著。

在城市局部地区，特别是城市中心区，地下空间形态的形成分为两种情况，一种是有地铁经过的地区，另一种是没有地铁经过的地区。有地铁经过的地区，在城市地下空间规划布局时，都应充分考虑地铁站在城市地下空间体系中的重要作用，尽量以地铁站为节点，以地铁车站的综合开发作为城市地下空间局部形态。在没有地铁经过的地区，在城市地下空间规划布局时，应将地下商业街、大型中心广场地下空间作为节点，通过地下商业街将周围地下空间连成一体，形成脊状地下空间形态，或以大型中心广场地下空间为节点，将周围地下空间与之连成一体，形成辐射状地下空间形态。

3. 总体平面布局

城市的总体布局是通过城市主要用地组成的不同形态表现出来的。城市地下空间的总体布局是在城市性质和规模大体定位、城市总体布局形成后，在城市地下可利用资源、城市地下空间需求量和城市地下空间合理开发量的研究基础上，结合城市总体规划中的各项方针、策略和对地面建设的功能形态规模等要求，对城市地下空间的各组成部分进行统一安排、合理布局，使其各得其所，将各部分有机联系后形成的。

（1）点状

点状地下空间是城市地下空间形态的基本构成要素，是城市功能延至地下的物质载体，是地下空间形态构成要素中功能最为复杂多变的部分。点状地下空间设施是城市内部空间结构的重要组成部分，如各种规模的地下车库、人行道以及人防工程中的各种储存库等都是城市基础设施的重要组成部分。

（2）辐射状

以一个大型城市地下空间为核心，通过与周围其他地下空间的连通，形成辐射状，这种形态出现在城市地下空间开发利用的初期，通过大型地下空间的开发，带动周围地块地下空间的开发利用，共同构成相对完整的地下空间体系。地铁（换乘）站、中心广场地下空间多为此种形态。

（3）鱼骨状

以一定规模的线状地下空间为轴线，向两侧辐射，与两侧的地下空间连通，形成脊状。这种形态主要出现在城市中没有地铁车站的区域，或以解决静态交通为前提的地下停车系统中，其中的线状地下空间可能是地下商业街或地下停车系统中的地下车道，与两侧建筑下的地下室连通，或与两侧各个停车库连通。

（4）网格状

以多个较大规模的地下空间为基础，并将它们连通，形成网格状。这种形态主要出现在城市中心区等地面开发强度较大的地区，由大型建筑地下室、地铁（换乘）站、地下商业街及其他地下公共空间组成。这种形态一般需要对城市地下空间进行合理规划、有序建设，因此一般出现在城市地下空间开发利用达到较高水平的地区，它有利于城市地下空间形成系统，提高城市地下空间的利用率。

（5）网络状

以城市地下交通为骨架，将整个城市的地下空间采用各种形式进行连通，使整个城市形成地下空间的网络系统。这种形态主要用于城市地下空间的总体布局，一般以地铁线路为骨架，以地铁站为节点，将各种地下空间按功能、地域、建设时序等有机地组合起来，形成系统、完整的地下空间系统。

（6）立体状

地上、地下协调发展既是城市地下空间开发利用的要求，也是城市地下空间开发利用的目标。立体型就是将城市地上、地下空间作为一个整体，根据城市性质、规模和建设目标，将地上、地下空间综合考虑，形成地上、地下完整的空间系统，从而充分发挥地上、地下空间各自的特点，为改善城市环境、增强城市功能发挥作用。

4. 竖向立体布局

地下空间的形成条件，使之在宽度和高度上受到结构的限制，并且难以连成一片，但却提供了一种地面空间无法做到的可能性，即空间之间在结构安全的前提下可以竖向重叠。这样，就可以在地表以下不同深度，开发不同功能的地下空间，一直到技术所能达到的深度。

城市地下空间的竖向分层的划分必须符合地下设施的性质和功能要求，分层的一般原则是：先浅后深，先易后难；有人的在上，无人的在下；人货分离，区别功能。城市浅层地下空间适合于人类短时间活动和需要人工环境的内容，如出行、业务、购物、外事活动等；对根本不需要人或仅需要少数人员管理的一些内容，如储存、物流、废弃物处理等，应在可能的条件下最大限度地安排在较深的地下空间。此外，地下空间的竖向布局应与其平面布局统一考虑，同时也应与地面空间布局保持协调。

竖向层次的划分除与地下空间的开发利用性质和功能有关系外，还与其在城市中所处的位置（道路、广场、绿地或地面建筑物下）、地形和地质条件有关，应根据不同情况进行规划，特别要注意高层建筑对城市地下空间使用的影响。

8.5 城市地下空间总体规划编制

1. 规划期限

住房城乡建设部《城市地下空间开发利用管理规定》中，对于城市地下空间的规划，并没有明确其编制的时效性，按照一般总体规划的理解，城市地下空间总体规划应与城市总体规划保持期限相同，一般远期为 20 年，近期为 5 年。同时应该对城市地下空间资源开发利用的远景发展与空间布局作出轮廓性的规划安排。

2. 规划成果

地下空间总体规划的成果应包括规划文本、规划图纸及附件 3 部分。

（1）规划文本

① 总则。说明本次规划编制的背景、目的、依据、原则、规划年限、规划区范围。

② 规划目标。根据地下空间资源开发利用现状的调研成果，结合城市开发建设的总体目标，明确与城市总体发展相协调的地下空间资源开发利用与建设的基本目标。

③ 功能定位。根据城市发展特点、经济现状、社会与科技发展水平，预测城市地下空间资源开发利用的主要功能和发展方向，明确地下空间开发利用承担的城市机能。

④ 总体规模。根据城市地下空间资源开发利用的特点、城市发展的总体规模以及对地下空间开发利用的需求，预测规划期内地下空间开发利用的需求规模。

⑤ 空间管制。根据城市地下空间评估的结果，划定城市地下空间的禁建区、限建区、适建区范围，并根据这些具体的范围提出城市地下空间发展的策略以及发展内容。

⑥ 布局规划。根据城市发展的总体目标及空间管制的结果，阐明城市地下空间布局的调整与发展的总体战略，确定地下空间开发利用的布局原则、结构与要点。划定城市地下空间开发利用的重要节点地区，阐明城市各个重要节点地区地下空间开发利用与建设的目标、方针、原则等总体框架。

⑦ 竖向分层规划。根据地下空间资源开发利用的特点，结合地下空间开发利用的需求与可能性，确定城市地下空间的竖向分层原则、方针和空间区划。

⑧ 专项规划。明确城市轨道交通系统、地下道路与停车系统、地下市政基础设施系统、地下公共服务设施系统、地下防灾系统、地下物流与仓储系统等专项系统的总体规模和布局、建设方针与目标及与城市地面专项系统的协调关系等。

⑨ 近期建设与远景发展规划。阐明近期建设规划的目标与原则、功能与规模，对重点项目提出建设要求，并提出远期发展的方向和对策措施。

⑩ 保障措施。提出合理的地下空间资源综合开发利用与建设模式，以及相应的规划管理措施和建议。

⑪ 附则与附表。

（2）规划图纸

① 城市地下空间利用现状图。

② 城市地下空间工程地质评价图。

③ 城市地下空间分区管制图。

④ 城市地下空间总体规划图。

⑤ 城市地下空间交通规划图。

⑥ 城市地下空间给水规划图。

⑦ 城市地下空间排水规划图。

⑧ 城市地下空间供电规划图。

⑨ 城市地下空间电信规划图。

⑩ 城市地下空间燃气规划图。

⑪ 城市地下空间供热规划图。

⑫ 城市地下空间文物保护规划图。

⑬ 城市地下空间防灾规划图。

⑭ 城市地下空间环境卫生规划图。

⑮ 城市地下空间环境保护规划图。

⑯ 城市地下空间近期建设规划图。

⑰ 城市地下空间远景建设规划图。

⑱ 城市地下空间分区规划图。

⑲ 其余相关分析图纸。

（3）附件

包括规划说明书、专项课题的研究成果报告等。

3. 基于城市分系统的预测方法

2007年，清华大学硕士研究生刘俊发表《城市地下空间需求预测方法及指标相关性实证研究》论文，在吸收现有多种预测方法优点的基础上，提出了一种"分系统单项指标标定法"。地下空间需求预测的合理思路是基于单系统划分，对各系统分别进行需求预测，再对各系统需求量求和，即可得到城市地下空间总体需求量。

（1）分系统设计

模型将城市地下空间需求划分为9个单系统需求：居住区地下空间需求、公共设施用地地下空间需求、道路广场绿地地下空间需求、工业及仓储区地下空间需求、轨道交通系统需求、地下公共停车系统需求、地下道路及综合隧道系统需求、防空防灾系统需求、地下战略储库需求。

（2）指标与预测模型设计

① 各单系统指标。居住区地下空间可采用人均地下空间需求量作为指标；公共设施用地、广场和绿地、工业及仓储区均可采用地下空间开发强度（地下空间开发面积与用地面积的比值）作为指标；轨道交通系统、地下公共停车系统、地下道路及综合隧道系统、防空防灾系统、地下战略储库均有相关规划前提，必须依据相关规划指标估算。

② 居住区预测模型思路。由于居住区的开发内容确定，可根据人均人防面积、户均停车数、居住区公建地下化率来推算居住区人均地下空间需求量，以人均需求量乘以

新增人口数量即可预测地下空间需求量。

③ 公共设施用地预测模型思路。以地下空间开发强度或地下地上建筑比例为指标，地下空间开发强度乘以建设用地的面积即可得到地下空间需求量。道路广场绿地、工业及仓储区的预测模型思路与此相同。

④ 城市基础设施各系统预测模型思路。城市基础设施各系统由相关专业规划决定，对地下空间的需求是已知的，故只需根据规划进行测算。防空防灾系统、地下战略储库也是依据规划测算。

4. 基于人口增长的预测方法

人是城市的主体，人口自然成为城市研究的核心问题之一。人口的数量、素养、就业、物质与精神需求，直接影响城市的工作、生活、居住、交通、游憩各子系统。人口数学模型是城市模型中研究最早、成果最多、应用最广的数学模型。城市地下空间是城市空间的一部分，也受到城市人口发展的影响，因此，预测人口在一定程度上也就是预测地下空间的需求。

趋势人口预测模型，根据过去的城市人口增长趋势，建立统计数学模型，预测未来的城市人口。趋势模型的基本假定是现在和过去一段时间内的城市人口都遵循某一增长规律，这一规律同样也适用于未来。

（1）线性增长模型

当一个城市人口增长，在每单位时间内增加一个常数，或接近一个常数时，可应用线性增长模型：

$$P_n = P_0 + na$$

式中　P_0——规划基础年的人口数；

　　　P_n——规划期末的人口数；

　　　n——时间单位；

　　　a——单位时间内的人口增长数。

本模型假定，在未来的时间内，人口增长的规律是已知的，即单位时间内增加 a，a 一般根据过去历年的人口数量资料求得，因此，又称为线性趋势外推模型。在使用这一模型时，关键在于确定采用历史资料的年限，求得稳定可靠的 a。

（2）指数增长模型

线性增长模型是根据一个简单的假设，单位时间内人口增长数是一个常数而构成的。它不适用于人口加速增长的区域和城市。一些新兴的工业城镇，在它发展的初期，可能人口增长率是一个常数，这与一个区域或城市接受不断增长的投资及外部移入的人口有关，但在一定时间内其增长速度是稳定的：

$$P_{n+1} - P_n = \delta P_n$$

$$\delta = \frac{(P_{n+1} - P_n)}{P_n}$$

δ 表示稳定的增长率，据此：

$$P_n = (1+\delta)^n \times P_0$$

在运用这种模型时，也是根据历史人口资料，计算稳定的增长率 δ 并确定一个有代表性的时间间隔，是求得符合实际情况的 δ 的关键。

从这一预测模型中可以看出：指数模型假定增长率是常数，人口数值呈几何级数增长；取适当的时段求出比较符合实际情况的 δ 是预测的关键；指数模型会产生指数假象。例如，人口增长率即使为 0.0001，即万分之一，如果再过十万年（人类历史已有50万～100万年），按 50 亿的基数，人口将达 110 万亿，因此，指数模型不适合于无约束的长期预测，但适于城市人口 10～20 年以内的预测或新建设区、开发区的短期预测。

9　城市地下空间详细规划

依据《中华人民共和国城乡规划法》《城市规划编制办法》《城市地下空间开发利用管理规定》，参照《城市地下空间规划编制导则》（征求意见稿），并考虑编制、实施的科学性和可行性，地下空间规划可划分为总体规划、详细规划两个层面，与现行的城市规划体系的法定规划对接。

城市地下空间详细规划，可分为控制性详细规划和修建性详细规划两个阶段进行编制。可以依据地下空间总体规划，编制重点地区的地下空间控制性详细规划或（和）修建性详细规划，也可以依据地上控制性详细规划或（和）修建性详细规划单独编制相应的地下空间控制性详细规划或（和）地下空间修建性详细规划。

9.1　城市地下空间控制性详细规划原理

1. 目标与任务

地下空间控制性详细规划，以下简称地下控规，是对地下空间资源开发建设的控制指标与指导要求，确定各功能系统设施之间的关系，为地下空间修建性详细规划、城市设计和建筑设计提供科学依据。控制性详细规划是城市地下空间规划管理承上启下的主要操作平台，也是政府积极引导市场、实现建设目标的最直接手段。由于地下空间资源具有不可再生性，地下工程建设具有不可逆性和难以改造的特点，因而地下工程要有针对性地开发建设，且比地面工程更需要有预见性，应按规划做好控制、预留工作，进行有序的建设。地下控规作为直接面向市场的政府规划手段，其作用更显突出。

《上海市地下空间规划编制导则》规定：市级中心、副中心、地区中心、新城中心、黄浦江两岸规划区、市级交通枢纽地区、两线以上（含两线）换乘的轨道交通地下站点地区以及市规划管理部门指定的其他地区，应当编制地下空间详细规划。

地下控规的任务是以落实地下空间总体规划的意图为目的，以对城市地下空间开发利用重要节点地区的开发控制作为规划编制的重点，结合城市修建性详细规划和城市设计，详细规定各项功能性地下空间设施系统的规模、布局形态等，以及对各开发地块地下空间开发建设的控制要求，包括用地类型、开发强度、水平和竖向联系等，将地下空间总体规划的宏观要求转化为开发地块地下空间开发建设的微观控制要点，为开发地块地下空间的开发建设项目设计以及城市地下空间开发利用的规划管理提供科学依据。

地下控规以量化指标将地下总规的原则、意图、宏观控制转化为对地下空间定量、微观的控制，从而具有宏观与微观、整体与局部的双重属性，既有整体控制，又有局部要求；既能继承、深化、落实总规的意图，又可对地下修规的编制提出指导性的准则。

在管理上，地下控规将地下总规宏观的管理要求转化为具体的地块建设管理指标，使规划编制与规划管理及城市土地开发建设衔接。

城市规划为地下空间规划的上位规划，编制地下空间规划要以城市规划为依据。同时，城市规划应积极汲取地下空间规划的成果，并反映在城市规划中，最终达到两者的和谐与协调。

① 《城市规划编制办法》规定，城市地下空间规划，是城市总体规划的一个专项子系统规划。这里说的城市地下空间规划，是指地下空间总体规划。故其规划编制、审批与修改应按照城市总体规划的规定执行。

② 地下空间控制性详细规划可以单独编制，也可作为所在地区控制性详细规划的组成部分。单独编制的地下空间控制性详细规划，一般以城市规划中的控制性详细规划为依据，属于"被动"型的补充性控规。如果地下控规与地区控制性详细规划协同编制，作为控制性详细规划的组成部分，则属于"主动"型的控制性规划，易形成地上、地下空间一体化，具有联动性的控制。

③ 地下空间城市设计，属于城市设计的重要组成部分，应包括地上、地下的一体化外部空间形态及环境设计。

2. 基本含义

我国城市地面空间规划控制体系已经相对完善，且已实施多年，取得了较好的效果。而大多数城市的地下空间开发建设普遍缺乏规划层面的控制与引导，城市规划也缺乏对地下空间开发控制指标的主动研究，难以实现对地下空间的有效预测与引导，对地下空间规划控制的可操作性较差。

地下空间控制性详细规划的编制应以城市地面总体规划、地面控规、地下空间总体规划等为依据，以对地下土地开发控制为重点，详细规定地下空间开发功能、开发强度、深度以及划定不宜开发区域等，并对地下空间环境设计提出指导性意见，作为地下空间规划管理的依据并指导地下空间修规和建筑设计的编制。

9.2　城市地下空间控制性详细规划编制

1. 主要内容

（1）根据地下空间总体规划的要求，确定规划范围内各类地下空间设施系统的总体规模、平面布局和竖向关系等，包括地下交通设施系统、地下公共空间设施系统、地下市政设施系统、地下防灾系统、地下仓储与物流系统等。

（2）针对各类地下空间设施系统对规划范围内地下空间的开发利用要求，提出城市公共地下空间开发利用的功能、规模、布局等详细控制指标；对开发地块地下空间的控制，以指导性为主，仅对开发地块地下空间与公共地下空间之间的联系进行详细控制。

（3）结合各类地下空间设施系统开发建设的特点，对地下空间使用权的出让、地下空间开发利用与建设模式、运营管理等提出建议。

2. 成果要求

地下空间控制性详细规划是城市控制性详细规划的有机组成部分，规划成果参照

《城乡规划法》《城市规划编制办法》《城市地下空间规划编制导则》（征求意见稿）等内容，包括规划文本、规划图纸与控制图则、附件。

（1）规划文本

① 总则。说明规划的目的、依据、原则、期限、规划区范围。

② 地下空间开发利用的功能与规模。阐明规划区内地下空间开发利用的具体功能和规模。

③ 地下空间开发利用布局与结构。确定规划区内地下空间开发利用的布局、深度、层数、层高以及地下各层平面的功能、规模与布局。

④ 地下空间设施系统专项规划。对各类地下空间设施系统进行专项规划，明确各类系统的具体控制指标。

⑤ 对公共地下空间开发建设的规划控制。根据地下空间功能系统和土地使用的要求，明确公共地下空间开发的范围、功能、规模、布局等，明确各类地下空间设施系统之间以及公共地下空间与地上公共空间的连通方式。

⑥ 对开发地块地下空间开发建设的规划控制。根据地下空间功能系统和规划地块的功能性质，明确各开发地块地下空间开发利用与建设的控制要求，包括地下空间开发利用的范围、强度、深度等，明确必须开放的公共地下空间范围以及与相邻公共地下空间的连通方式。

⑦ 地下防空与防灾设施系统规划。提出人防工程系统规划的原则、功能、规模、布局以及与城市建设相结合、平战结合等设置要求。

⑧ 近期地下空间开发建设项目规划。对规划区内地下空间的开发利用进行统筹，合理安排时序，对近期开发建设项目提出具体要求，引导项目设计。

⑨ 规划实施的保障措施。提出地下空间资源综合开发利用与建设模式以及规划实施管理的具体措施和建议。

⑩ 附则与附表。

（2）规划图纸

① 地下空间规划区位分析图。

② 地下空间规划用地现状图。

③ 地下空间规划用地规划图。

④ 地下空间功能结构规划图。

⑤ 地下空间设施系统规划图。

⑥ 地下空间分层平面规划图。

⑦ 地下空间重要节点剖面图。

⑧ 地下空间近期开发建设规划图。

（3）控制图则

将规划对城市公共地下空间以及各开发地块地下空间开发利用与建设的各类控制指标和控制要求反映在分幅规划设计图上。

（4）附件

附件包括规划说明书、专项课题的研究成果报告等。

3. 两规关系

地下空间修建性详细规划的任务以落实地下空间总体规划的意图为目的，依据地下空间控制性详细规划所确定的各项控制要求，对规划区内的地下空间平面布局、空间整合、公共活动、交通系统与主要出入（连通）口、景观环境、安全防灾等进行深入研究，协调公共地下空间与开发地块地下空间以及地下交通、市政、民防等设施之间的关系，提出地下空间资源综合开发利用的各项控制指标和其他规划管理要求。

9.3 城市地下空间控制性详细规划

1. 内容框架

借鉴地面控规的内容，地下控规的内容主要包括地下空间土地使用控制、地下空间配套设施控制、地下空间建筑建造控制、地下空间城市设计引导以及地下空间外部环境控制5个方面。通过土地使用控制确定地下空间土地开发的规模、功能、强度；通过配套设施控制确定人防配套设施和地下停车配套设施等方面的指标；通过建筑建造控制保证地下建筑建设的安全性；通过城市设计引导全面提升地下公共空间和停车空间的吸引力；通过外部环境控制协调地上与地下空间整体发展。

（1）土地使用控制

地下空间的土地使用控制是对地下空间的开发规模、开发功能、开发强度等方面作出的规定。在地下空间的开发规模预测上，应对地下空间可开发区域进行详细调查，许多城市由于各自的特点，存在一些地下空间限制开发区（如文物区、泉眼、地质不利等不宜开发区域），应在控规中用图则的形式标明可开发区域。

（2）配套设施控制

地下空间配套设施是城市生产、生活正常进行的保证，即是对地面居住、商业、工业、仓储等用地上的公共设施和市政设施建设提出的地下配套定量要求，包括公共设施配套和市政公用设施配套。地下空间公共设施配套主要包括配套人防工程、配套机（非机）动车停车等。市政设施配套包括给水、排水、电力、通信及基础设施等，配套设施的建设规模应按照国家和地方规范（标准）的规定执行。

（3）建筑建造控制

地下空间建筑建造控制是对地下构筑物布置和构筑物之间的关系作出必要的技术规定。其主要控制有地下建筑间距、地下管线间距、新老地下建筑间距等建设要求，以保障地下空间建设的安全性。建筑建造控制应按照国家和地方规范（标准）的规定执行。

（4）城市设计引导

地下空间具有低可视性，为消除地下空间给人们带来的不良心理影响，需要创造良好的内部环境，通过巧妙的设计与处理，有效地减轻人们的地下心理压力。城市设计引导以满足人的生理和心理要求为基本出发点，从安全、舒适、便利、健康等角度出发，考虑地下空间的不可逆性、低可视性以及公众文化、心理、活力等因素，提升地下空间的空间形象。

（5）外部环境控制

外部环境控制是通过限定污染物排放的最高标准，防治在建设活动中产生的废气、废水、废渣、粉尘、有毒有害气体、放射性物质以及噪声、震动、电磁波辐射等对环境的污染和危害。环境控制应根据当地环境保护部门的要求规定。

2. 开发控制

根据影响地下空间开发的可控要素，对控规阶段的地下空间开发控制指标进行归纳、整合，形成五大指标内容体系，分别为土地使用控制、建筑建造控制、配套设施控制、城市设计引导和外部环境控制。这五大类控制要素分成若干个具体的控制指标，并相应形成控制性指标和引导性指标两个控制类别（表9-1）。

表 9-1　地下空间开发控制体系

控制要素	指标	说明	控制性	引导性
土地使用控制	用地边界	行政主管部门确定的用地范围	刚性	
	用地面积	由用地边界围合而成的面积	刚性	
	用地性质	根据功能确定的用地的性质	刚性	
	开发强度	所有建筑物、构筑物与用地面积之比	弹性	
	土地利用兼容性	同一土地能够兼容的不同用地性质	弹性	
	绿化率	用地内部绿化覆盖面积占总面积之比		重点
建筑建造控制	建筑密度	建筑顶层面积占用地面积之比	弹性	
	建筑深度	建筑物或构筑物开挖的深度	弹性	
	建筑间距	建筑物外墙之间的水平距离	刚性	
	建筑层高	建筑物每层的高度	弹性	
配套设施控制	地下交通设施	轨道交通、人行、停车等设施	刚性	
	地下市政设施	各级各类市政设施	刚性	
	地下商业设施	地下商业街、地下城等设施		重点
	地下仓储设施	地下仓库等设施		重点
	人防配套设施	人防的位置、面积、性质	刚性	
城市设计引导	开敞空间	建筑物具有一定的开敞空间		重点
	建筑色彩	建筑色彩提升人的心理舒适度		一般
	建筑尺度	符合地下空间的各类空间的组合形式		一般
	通风井、采光窗	满足正常生理、心理需求的设施		重点
外部环境控制	废水控制	满足废水排放标准	刚性	
	废气控制	满足废气排放标准	刚性	
	噪声控制	满足噪声防治标准	刚性	
	固体废弃物控制	满足固体废弃物排放标准	刚性	

3. 表达深度

地下控规作为城市规划体系的一个重要组成部分，是地下空间开发各项指标能够落实的保证，是编制地下空间修规的重要依据，也是城市地下空间规划管理部门进行地下空间开发管理的依据。其成果表达深度应满足以下 3 个方面的要求：

① 进一步深化完善城市地下总规意图，并落实到每个用地地块上。

② 作为土地整体招标、划拨、转让的条件。

③ 直接指导地下空间修规或单个地下建筑的设计。

对地下空间相关要素的控制，应针对不同用地性质、不同建设项目、不同开发过程以及控制因素的特性，采用多种手段进行综合表达。具体可通过以下几种方式进行控制：指标量化、图则标定、设计导则和条文规定。前三者是对物质空间建设活动的直接管理，属于规定性内容；后者则是通过制定相关的公共政策以便达到规划控制与调节的目的，属于引导性内容。

地下空间控规主要通过指标体系、图则与文本交叉互补构成整体的规划控制体系。针对不同的用地、不同的建设项目和不同的开发过程，应采用多手段的控制方式。

（1）指标量化

与地面控制性详细规划相同，地下控规最基本的要素是指标，通过量化数据指标对用地面积、开发强度、地下建筑后退距离、地下配套设施面积等进行定量控制，提供准确的量作为管理的依据。其适用于对整个研究范围开发总量和一些公共配套设施的控制，也适用于城市一般用地的地下建筑规划控制。

控制指标对地下空间土地利用、配套设施、建筑建造等指标进行定量控制，如合理的开发规模、开发深度、开发功能、配套要求及与周边建筑的间距等要求。控制指标可分为规定性指标和引导性指标两类。前者必须遵照执行，后者可参照执行，分别主要包括以下内容：

① 规定性指标。

a. 地下空间开发规模指标。

b. 地下空间开发功能控制。

c. 地下空间开发强度指标。

d. 人防工程配套设施指标。

e. 地下停车配套设施指标。

f. 地下建筑建造指标。

g. 地下建筑外部环境指标。

h. 其他需严格控制的指标。

② 引导性指标。

a. 外部空间引导。

b. 内部空间引导。

c. 其他环境要求。

（2）图则标定

地下控制图则，通过一系列控制线和控制点对地下空间用地进行定位控制，在地面控制图则的基础上，标明地下建筑容许开发的范围、人行车行出入口、主要控制点坐标、地下空间连通位置及标高，以及市政综合管廊等设施的规划控制意图，并显示部分指标。

（3）条文规定

由于地下空间布局形态方面含有很多不可度量的内容，采用条文规定是地下控规必要的控制方式之一。例如在对地下空间开发的定性控制上，提出开发功能、开发深度、开发规模等要求时，其中一些重要内容和要求可通过强制性条文的形式予以规定，也可通过制定政策条文的形式鼓励和引导开发商。条文规定的作用包括4个：一是定性控制；二是提出在一定范围内的同一控制要求；三是对管理与实施的具体过程进行指导；四是对指标和图则进行强调和补充。

（4）设计导则

设计导则是指采用具体文字描述加上示意图的表达形式描述空间形象认知方面的意象性控制内容，为开发控制提供管理准则和设计框架，如地下空间的口部处理、地下商业街的色彩风格、地下小品的体量、地下空间的环境要求等。

地下控规应充分借鉴地面规划的控制方法，充分运用刚性、弹性与引导相结合的控制引导方式。刚性控制主要针对地下建筑建造以及地下空间公共设施，对地下空间公共设施进行定量、定位、定性控制，并充分考虑未来容量浮动的适应性；弹性控制主要针对用地性质兼容、开发强度区间以及静态交通系统的容量等，务实地对待由于市场及其他变化带来的调整，并提出规划的应对措施；引导性控制则通过控制性语言进行引导，以达到预期的效果。

（5）分图指引

地下控规层面的分图指引，可有序、规范、高效地推动地下空间资源的开发建设，是进一步完善和健全规划管理体制的有效途径。城市中心区分图指引一般以街坊为单位，以地面控规或城市设计为底图，地块编号同地上编号一致，为表明地下空间，在编号前加字母。分图指引控制指标体系主要包括以下内容：

① 地块控制指标。地下建筑性质、建设容量、开发深度、地下停车数量及规模、步行通道及人防设施等。

② 图则控制。道路红线、地下空间建筑控制线及坐标、地下停车出入口、人防出入口、地下通道出入口、步行通道预留接口位置、地下步行通道位置、下沉式广场位置、地下空间标高等。

③ 设计引导。地下建筑退线要求、地下建筑高度控制、地下公共通道设置等。

为了保证规划的有效落实和实施，同时预留规划的弹性，分图采用刚性、弹性与引导相结合的控制引导方式。

4. 与相关规划的协调

地下控规需符合地面控规、兼顾人防需求，并与交通、市政等相关专项规划相协调。地下空间利用方式与地面以上部分息息相关，在一定意义上，可以说地下空间的开发利用是地面功能的延续和补充。地下与地上整体协调是指地下空间开发在区域位置、空间环境、功能类型、建设规模（建筑面积、深度、层数）、开发进程及建筑技术（包括结构、施工）等方面与地上建筑空间环境相适应、整体协调、互补互利；并使城市上下部空间规模均衡，配置合理；使上下空间的点、线、面形态分布和功能设置相互对应、相互联系；并处理好上下部空间的连接，形成结构合理、交通便捷、有机联系的城市空间网络，最大限度地发挥城市空间集约的整体效益。例如，宜在城市中心商业区结合大量高层建筑修建地下室并连通成片；建设集商务、贸易、购物、娱乐、停车、交通和市政基础设施于一体的多功能地下建筑综合体；在城市中心广场、绿化游憩广场、站前广场的地下，修建停车场、步行道、商场和文娱设施，可在保留地面开敞空间、扩大绿化面积的同时高效利用土地；在居住区用地紧缺的情况下，可开发地下空间修建地下停车库及服务性商业用房、热交换站、煤气站、水泵房等配套设施；在历史名城传统风貌和文物古迹保护区以及山水城市自然风景旅游区，受地上建筑层数、密度和功能性质的严格限制，开发地下空间可保护当地文化和自然景观。地下空间规划应因地制宜地将城市上下部空间功能有机结合，同时与开发地区控制性详细规划提出的用地布局和开发强度空间分布相协调，提出支持地面活动、充分发挥地面特性的地下空间开发利用规划。

9.4 城市地下空间修建性详细规划

1. 地下空间修建性详细规划的内容

（1）要求

根据城市地下空间总体规划和所在地区地下空间控制性详细规划的要求，进一步确定规划区地下空间资源综合开发利用的功能定位、开发规模以及地下空间各层的平面和竖向布局。

（2）特点

结合地区公共活动特点，合理组织规划区的公共性活动空间，进一步明确地下空间体系中的公共活动系统。

（3）特征

根据地区自然环境、历史文化和功能特征，进行地下空间的形态设计，优化地下空间的景观环境品质，提高地下空间的安全防灾性能。

（4）定位

根据地下空间控制性详细规划确定的控制指标和规划管理要求，进一步明确公共性地下空间的各层功能、与城市公共空间和周边地块的连通方式；明确地下各项设施的设置位置和出入交通组织；明确开发地块内必须开放或鼓励开放的公共性地下空间范围、功能和连通方式等控制要求。

2. 城市重点地区地下修规着重研究的内容

（1）地下空间分层平面设计

应使城市地下空间开发有序地按照一定的原则在相应的地下空间层次发展相关功能设施，避免地下空间开发在空间占用上的矛盾，保证合理、协调地开发利用地下空间。

（2）地下空间竖向设计

保证各功能区之间的竖向衔接及合理使用。

（3）地下空间步行道设计

合理安排步行道的位置、宽度和高度。

（4）地下车库连通设计

提高车库的停放使用效率；避免各单位建设地下车库而造成地块内出入口过多。规划设计应在不穿越城市道路的原则下，尽量使同一街区内相邻各个地块的地下车库连通，形成小环行独立系统。

（5）地下空间景观环境设计

这是地下空间开发利用的一个重要环节，应考虑地域文化、社会、人的心理等诸多因素，对地下空间出入口、采光通风及标识等内容提出设计原则和方法。

3. 地下空间修建性详细规划的成果

（1）专题研究报告

① 地下空间开发利用的现状分析与评价。

② 地下空间开发利用的功能、规模与总体布局。

③ 地下空间竖向设计。

④ 地下空间分层平面设计。

⑤ 地下空间交通组织设计。

⑥ 地下空间公共活动系统组织设计。

⑦ 地下空间景观环境设计。

⑧ 地下空间的环保、节能与防灾措施。

⑨ 规划实施建议。

（2）规划设计说明书

① 总则：设计目的、依据和原则。

② 功能布局规划与平面设计。

③ 竖向设计。

④ 交通组织设计。

⑤ 公共活动网络系统设计。

⑥ 景观与环境设计。

⑦ 地下空间开发建设控制规定。

⑧ 附则与附表。

（3）规划图纸

① 地下空间区位分析图。

② 地下空间功能布局规划图。

③ 地下空间分层平面设计图。

④ 地下空间竖向设计图。

⑤ 地下空间交通组织设计图。

⑥ 地下公共活动网络系统设计图。

10 地下空间城市设计

10.1 地下空间城市设计原理

1. 城市设计的概念

与城市规划和建筑学类似，城市设计兼具工程科学和人文社会学的特征，都具有描述对象复杂、宏大的特征。到目前为止，城市设计的概念在国际上迄今没有公认一致的概念和定义，一切都在发展之中。但一般学者还是承认，城市设计是关于城市的设计，是与社会和人的活动联系较多的。城市设计以城市三维物质环境和形态为研究对象，其技术特征是为了整合城市空间环境和优化各种相关要素。好的城市设计应该针对城市各类场所和特色进行深入塑造，能够实现城市空间的可持续。

日本学者小岛胜卫对于城市设计的理解出自城市和设计两个词语，城市意为城市的，设计是指实现概念和意象，以可视的形式呈现，将两个词合并就是将城市的概念和意象以某种形态呈现即是城市设计。城市设计有时作为城区设计的含义与城市设计存在不同之处。城区设计是指像住宅组团和车站再开发规划那样，设计融合了建筑、道路、绿地等，但城市设计是集合了多种城市景观的复合体，从开始认识整体的城市风景到设计手法上二者存在差异。

英国不列颠百科全书指出：城市设计是指为达到人类的社会、经济、审美或者技术等目标而在形体方面所做的构思……它涉及城市环境可能采取的形体。就其对象而言城市设计包括三个层次的内容：一是工程项目的设计，二是系统设计，三是城市或区域设计。这一定义，基本涵盖了城市设计的所有环节，是典型的百科全书类型的定义。

美国著名城市研究学者凯文·林奇从城市的社会文化结构、人的活动和空间形体环境结合的角度提出：城市设计的关键在于如何从空间安排上保证城市各种活动和交织，进而应从城市空间结构上实现人类形形色色的价值观之共存。这是从理论形态上概括城市设计的定义。

中国学者齐康院士认为，城市设计是一种思维方式，是一种意义通过图形付诸实施的手段。城市设计包含这样几个意义：一是离不开城市，凡是城市建造过程中的各项形体关系都有一个环境，不过层次不同；二是城市设计离不开设计，设计不是单项的设计而是综合的设计。

中国学者邹德慈院士则认为，中国城市设计应该明确6个要点：①以城市空间为对象；②城市设计要重视研究使用者的需要；③城市设计要促进城市的经济发展；④要创造与自然环境完美结合的人工环境；⑤要保护城市的历史遗存；⑥要与城市的总体规划框架和各种专项规划相衔接。

中国学者王建国院士在其所撰的第二版中国大百科全书的城市设计词条中，对城市设计的概念进行了高度总结，并被广大学者所认可。王建国院士将城市设计的概念总结为：城市设计以城镇发展和建设中空间组织的优化为目的，运用跨学科的研究途径，对包括人、自然和社会要素在内的城市形体环境对象所进行的研究和设计。

从上述概念可以看出，城市设计关注的都是空间问题，因此地下空间也适用于城市设计。

2. 城市设计的目标

一般意义上的目标是指人类活动的动机、意志、目的或对象，也指人们计划争取的状态。

既然城市设计要考虑包括人、自然和社会因素在内的城市形体环境对象，那就必然要考虑并综合社会的价值理想和利益要求。

绝大多数的优秀城市设计，是由科学合理而且富有创意的设计目标和准则的设立及其对实现过程的有效推进而促成的。这样的目标包括：功能、灵活性和适应性、社区性、遗产保护、环境保护、美学和交通可达性等。

城市设计的目标任务为：

① 城市设计要为人们创造一个舒适宜人、方便高效、卫生优美的物质空间环境和社会环境。

② 城市设计是要为城市建设一种有机的秩序，包括空间秩序和社会秩序。

③ 城市设计是一项综合设计工作。要求综合各个专业的需要，做到合理安排、协调发展。

④ 城市设计是对城市空间环境的合理设计，主要立足于现实，又要有理想和丰富的想象力。

⑤ 城市设计目标是城市空间环境上的统一、完美，综合效益上的最佳、最优，社会效益上的有机、协调。

在很多情况下，城市设计实际的有效参与者和决策人并不是设计者。对于大多数非专业人员，如城市设计的委托人、投资业主、行政领导、利益用户等，他们的关注目标和价值取向一般并不等同于城市设计者的认识，而是更多地从自身的政治背景、知识结构、集团利益等来考虑城市建设和设计中的各种问题。例如，从委托人、城市领导者和用户的观点看，城市设计所关注的空间形态只是一种手段，而不是终极目标。

经济利益相关者会要求从中获得包含一定利润空间的投入产出、建设不误工期和与预算控制吻合。领导者则常要求人们看到他的工作业绩和获得有利的政治回馈。而一般老百姓则要求作为普通市民个体使用的便利、方便可达、环境舒适等。于是，专业与非专业人员之间、非专业人员相互之间的城市设计要求和目标有时就会产生争执和冲突。

城市设计与城市空间的环境品质密切相关。环境品质的好坏反映了一个城市的社会和经济状况，也反映了一个城市的建设管理水平是否科学合理。因此，城市设计策略和技术层面的编制涉及多方面因素。城市设计师对环境建设虽然有一定影响，但是对具体的建设决策往往只能提出技术层面的建议，如提供尽可能好的方案并倾力推介。

城市设计者必须面对多样和复杂的环境，避免工程竞标中的种种问题，政府的行政任期、决策方面的政治因素和城市建设经济预算的影响。他们必须具有良好的协调和驾驭全局的能力，能够关注其他人的观点并进行取舍，城市设计者还必须准备面对公众的质疑和审查，在推荐自己理念的时候要有政治家的策略，为一个好的设计做精美的包装。

3. 城市设计的标准

城市设计优劣的评价主要有定量和定性两方面。

（1）定性标准

特色、格局清晰、尺度宜人、美学原则、生态原则、社区原则、活动方便、丰富多样、可达性、环境特色、场所内涵、结合自然要素等则显然可归属对一个好的城市设计的定性评价标准。不列颠百科全书提及的减缓环境压力、谋求身心舒畅；创造合理活动条件；特性鲜明；环境要多样化；规划和布局明确易懂；含义清晰；具有启发和教育意义；保持感官乐趣；妥善处理各种制约因素无疑也属于定性评价标准。

（2）定量标准

城市设计满足特定项目范围内的建筑容积率、覆盖率和日照、通风等微气候的要求，以及考虑一些由空间度量关系而引起的视觉艺术和功能组织单元的要求属于城市设计评价的定量标准。包括一般城市地下空间规划管理部门在下达设计任务时的用地规划设计要点，如容积率、覆盖率、建筑后退、人防、日照通风、减噪、六线控制要求等。如纪念性建筑和空间观赏视角设计的控制建筑高度和街道、广场空间宽度的高宽比；相对于特殊的地标和背景建筑（或者是重要的视景）高度以及空间单元原型尺度等。

4. 城市设计的理论

（1）图底理论

图底理论是从格式塔心理学引进到建筑领域的分析图解，将建筑物作为实体覆盖到开敞的城市空间中加以研究，任何城市的形体环境都是类似格式塔心理学中的"图形与背景"的关系，建筑物是图形，空间则是背景，如图 10-1 所示。

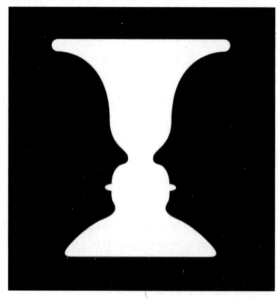

图 10-1　罗宾花瓶

　　1784 年詹巴蒂斯塔·诺利绘制的罗马地图清楚地描绘出城市形态，表达出建筑实体（图）与开放虚体（底）之间的相对比例关系。诺利地图表现出在传统城市的"图底"关系中，私人建筑物的肌理与公共开放空间的关系非常协调、相互衬托、融为一体；罗马城市的公共空间被建筑物的体量分割出来，它延续并连接内、外部的空间及活动，如图 10-2 所示。

图 10-2　诺利地图局部

　　图底理论将建筑、围墙等其他实体涂成黑色，把外部空间留白，从而清晰地表达出城市的积极空间与消极空间，而"空间即主体"，就整体关系而言，在城市空间研究中虚体比实体更具实质意义，为了平衡城市空间形态的垂直与水平方向发展，我们可以把空间和街区的局部边界结合起来，人为地设计一些空间阴角、壁龛、回廊、死巷等外部空间的完形。有机经营和组织城市的建筑实体和空间虚体，形成简明、完整、网络化的建筑实体、空间虚体组织，营造整体和谐的城市空间环境。

　　图底理论主要用于研究城市形态时分析建筑体量与开放空间的关系，以及界定城市肌理组织、模式及空间秩序问题，是现代城市设计处理错综复杂的城市空间结构的基本方法之一。每个城市环境都有现状的建筑实体和空间虚体的组合方式，分析空间设计的"图底关系"就是通过增加、减少或改变组合的空间几何形式来阐述这种关系，其目的是通过建立空间秩序来明确一个城市或片区的城市空间结构，如图 10-3 所示。

　　传统城市的三种实体形态分别为：①公共纪念物或机构；②主要城市街坊外廊及场地；③界定边缘的建（构）筑物。

　　城市外部空间则具有五种机能各异的主要城市虚体形态：①私密空间和公共通道上的入口前庭；②街坊内廊虚体则为半私密性过渡空间；③与街坊外廊相对的容纳城市公共生活的街道和广场网络；④与城市建筑形式相反的公园及庭院；⑤与河流、河岸、湿地等主要水域特色有关的线性开放空间系统。

图 10-3　典型城市图底关系

（2）连接理论

连接理论建立在城市空间是传递城市体验的媒介基础上。1986 年，罗杰·特兰西克在《寻找失落空间》中在现代空间演进研究和历史范例分析的基础上，对"连接组织城市空间要素"的思想进行理论化，称为连接理论，指出了其强调城市的联系和动态而易忽略空间界定，并提出与图底理论、场所理论叠加整合的设计策略，城市物质空间的设计应赋予虚实结构，建立各部之间联系，并回应人性需求和各自环境的独特要素。

对于城市设计而言，连接理论是建立场所相互联系、构架城市空间的重要手段，注重以"线"连接各个城市空间要素。这些线包括街道、人行步道、线性开放空间，或其他实际连接城市各单元的连接元素，从而组织起一个连接系统和网络，进而建立有秩序的空间。在连接理论中，最重要的是视觉动态交通线为创造城市形态的原动力。

连接关系的建立可以分为两个层面：物质层面和内在动因层面。在物质层面上，连接表现为用"线"将客体要素加以组织及联系，从而使彼此孤立的要素之间产生关联，进而共同形成一个关联域。从内在动因层面而言，通常不仅仅是联系线本身，更重要的是线上的各种"流"，如人流、交通流、物质流、能源流、信息流等内在组织的作用，将各空间要素联系成为一个整体，如图 10-4 所示。

连接就是城市的凝聚力，解决组织城市活动、城市设计关心的问题就是在事物间建立可以理解的关系。在城市设计中，组织公共空间要素是塑造城市空间形态的必要手段，这是对连接思想最直接的认识，即作为塑造美好城市形态的设计方法使用。受全球化与社会网络化的影响，传统城市设计语境在当下变革的时代背景中存在困境，通过对连接理论发展脉络中具有地域环境和时代特征的设计实践的梳理，目的不在于形成新的关于城市设计的形式化的理论，而是探究其思想脉络与城市之间的根源。

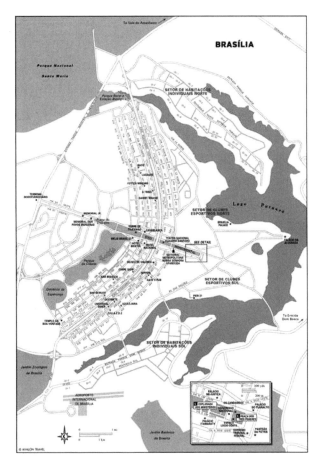

图 10-4　典型城市连接关系

（3）场所理论

场所是活动的处所，即公共活动、娱乐活动的处所，有人的活动发生，场所就与人关联起来。场所作为存在空间的具体化，有空间和特征两元素。空间即场所元素的三度布局；特征即氛围，是该空间的界面特征、意义和认同性。场所的三个基本组成部分为静态的实体设施、活动、含义，场所的三个基本元素彼此相互依存、密不可分。

① 场所理论的本质。在于领悟实体空间的文化含义及人性特征。简单地说，空间是被相互联系的实体物质有限制、有目的地营造出来的，只有当它被赋予了来自文化或地域的文脉内涵之后才可以成为场所。场所理论与历史的、社会的、文化的以及特定城市空间的实体特性的演变有关。它提供了改变建筑环境的途径，指导空间转变到场所。当被赋予了源自文化或地域特征的文脉内涵之后，空间成为场所。"特征"标明了物质的独特性及空间的秩序，给予特定的场所以唯一性。诺伯格·舒尔茨指出，作为体现场所元素三度布局的"空间"和体现氛围的"特征"是任何场所最突出的特性，它暗示出各自不同的"场所精神""场所的个性"或"场所的意义"。

每个场所都是唯一的，呈现出周遭环境的特征，这种特征由具有材质、形状、肌理和色彩的实体物质和难以言说的、一种由以往人们的体验所产生的文化联想共同组成。

② 场所精神。场所是有着明确特征的空间，场所精神涉及人的身体和心智两个方

面，与人在世间存在的两个基本方面（定向和认同）相对应。建筑令场所精神显现，建筑师的任务是创造有利于人类栖居的有意义的场所。

10.2 地下空间城市设计作用

1. 主要作用

运用城市设计的方法，可以有效组织和配置地块内地上、地下的功能，合理衔接地上、地下以及地下各设施，优化空间资源利用，达到城市建设空间一地多用及最大化节约。城市设计在地下空间开发中可实现以下几方面的整合。

（1）地下开放空间的地上、地下整合

作为地下开放空间的下沉广场，可与地下商场或地铁车站出入口等整合建设。其规划应围绕"让绝大部分公众喜欢的、适合各个年龄段人群使用的城市客厅"等理念，考虑选址、标志性、尺度、围合、环境等方面，实现地上、地下的统一，建成真正服务于市民的高效城市开放空间。

（2）建筑与交通系统的整合

地下空间能有效缓解城市交通拥堵问题，依托地下轨道交通建设，在地铁站周围一定范围内开发建筑物的地下空间，用地下步行道连通起来。同时与地铁车站、公交换乘站、地下停车库等相互连通，实现不同交通工具的零换乘，并能方便、快捷地到达各个建筑物内部。地下停车库统一规划，用地下环道连通，控制并合理布置出入口数量，实现地下空间资源的集约化利用，有效解决地面交通问题。

（3）人工与自然环境的整合

城市中心区较大型的公共绿地，常造成其他功能性空间不足，大力开发公共绿地下的地下空间，用作商业、服务、餐饮、娱乐及公共服务、市政基础设施或停车库等用途，可弥补中心区地面功能。

（4）历史传统与新建筑环境的整合

中心区的历史文化遗存保护越来越受到重视，但是相应地也产生了占用大量地面空间等问题，城市设计应考虑城市的历史文化遗存，保护城市的地域特色，并适度开发地下空间资源，以达到保护和发展的平衡。

（5）新建筑与周围环境的整合

地下空间的某些附属设施，如地铁站风井、地下商业街排风口、变电站通风口等均需突出于地面一定高度，如果与周围环境处理不当，则有损地区整体环境形象。可采用城市设计手法，将这些附属设施与城市景观整合，如上海静安寺地铁站西风井设计成带音乐喷泉的水池。

（6）用地功能整合

开发地下空间，很重要的是利用地下空间资源来支撑地面功能，解决城市发展中出现的制约因素。为此，根据发展规划与需求预测，把原地面上的设施逐步转入地下，如交通、商业、市政设施等，以支持地面功能的正常、高效运转。地铁站周围宜结合站址建设大型地下换乘枢纽以及方便的地下步行网络、连通的地下停车系统、有魅力的地下开敞空间和开放绿地。历史文化街区地上、地下整合开发，实现地上、地下功能互补，实现资源的合理重组和集约利用，满足市民的工作、生活、居住、旅游的需求。

2. 设计对象

（1）地下庭院

地下连续的室外或半室外的公共空间，彼此组织成有进深、有序列的空间形态，一方面可作为车站站厅和售票厅，兼作多线换乘的步行路径；另一方面可把庭院空间与零售、餐饮、休憩、公共活动等整合在一起，形成供人们出行集散、确定方位及娱乐休闲的立体活动区。例如，北京奥林匹克公园，建设了 7 个连续的下沉庭院，通过结合地铁及地下商业建设，以"开放的紫禁城"为设计理念，营造统一而富于变化的空间序列，加强了地面与地下空间的联系。

（2）地下采光中庭

地下空间的顶部或周边铺设透明天窗而成为半开放空间，形成地下采光中庭，既可作为公共性地下建筑的出入大厅，又可形成优美的地面景观。例如，巴黎卢浮宫博物馆扩建，采用玻璃金字塔覆盖主要的地下入口大厅，给地下带来自然光线和活力，并与地面建筑构成和谐的景观。

（3）地下露天广场

在地面标高低于周围绿地的广场地下空间内，建设购物、文娱及休闲等相关设施，既可以为市民提供休闲的场所，又可以作为地下商业或地铁站出入口，起到集散人流、优化地下空间结构的作用，增强人们在地下空间的方位感和安全感。设计常以坡道、大踏步等与城市街道面相衔接，引导街道面的活动下至地下层，将地下活动吸引至地面层。

10.3 地下空间城市设计编制

当前地下空间城市设计的编制几乎处于空白状态，没有太多可以借鉴的经验，因此，本书将参考城市设计编制的内容对其进行说明。

与城市规划类似，地下空间城市设计编制程序是一个依据目标分析和综合城市发展现状及问题，确认地下空间形态环境发展的概念设计，并据此制定实施计划，研究相关实施手段的过程。这一过程要求把众多的因素如地下空间发展的目标、地下空间现状存在的问题、地下空间发展及过程的预测、地下空间形态环境的各类组成要素及其相互关系加以分析综合，形成地下空间城市设计概念乃至实施工具。地下空间城市设计是以地下空间整体环境为研究基础，对地下空间开放空间、建筑体量、景观环境、步行活动、交通布局等涉及的内容作出综合安排。因此，地下空间城市设计的最终成果文本与图件都围绕地下空间形态环境展开，地下空间城市设计的各项计划、政策乃至指导纲要都是实施形态环境发展意图的重要工具。根据地下空间城市设计编制过程的实际工作内容可以划分为调研与基础资料收集、地下空间城市设计研究分析与构思、地下空间城市设计成果编制三个阶段。

1. 调研与基础资料收集

地下空间城市设计的编制，应对地上、地下空间的社会经济、自然环境、城市建设、土地利用、文化遗产等历史与现状情况进行深入调查研究，通过现场踏勘、实地摄影、政府部门与社区走访、问卷调查、图纸分析、典型抽样等手段，确保调研所取得的资料与信息客观、准确、实用、精练。地下空间城市设计调研形成的基础资料由图纸与文字两部分构成，两者相辅相成，互为补充。

地下空间城市设计调研的基础资料内容主要包括城市自然、历史与文化背景资料，地下空间形态结构，地下空间建筑景观，地下土地利用，地下公共活动与场所，地下交通与活动体系，地下基础设施系统以及相关资料八个部分。

（1）城市自然、历史、文化背景方面

① 城市气象、水文、地理环境资料；

② 相关地形、地貌、山体、水体、植物与城市滨水等；

③ 自然植被、有代表性植物和适宜树种、花卉等；

④ 城市环境质量与环境；

⑤ 城市历史发展沿革；

⑥ 城市形态格局及其历史沿革和变迁；

⑦ 历史文化背景、传统民俗、民情。

（2）地下空间形态结构

① 地下空间形态格局及其历史沿革和变迁；

② 地下空间结构网格、发展轴线及重要节点；

③ 地下公共开放空间及公共功能设施布置；

④ 地下空间标志性建筑、深度分区；

⑤ 规划地下建筑群组合方式和类型；

⑥ 居民对地下空间形态与空间结构的感知、印象与认同；

（3）地下空间建筑景观

① 地下空间景象、景观带、景区、视廊和视域等；

② 地下空间中有特色的道路、桥梁；

③ 地下空间中有特色的自然环境区域、街区、建筑群等；

④ 地下空间中有特色的地方建筑风格与色彩；

⑤ 地方传统建筑风格、空间形式、建筑色彩以及相关历史文化遗存等；

⑥ 现状地上公园、绿地、广场、滨水等开敞空间环境；

⑦ 市民对地下空间景观的评价；

⑧ 规划地区城市建筑形态、体量、质量、风格、色彩等特点。

（4）地下空间土地利用

① 设计地区及邻近地区的地下空间土地使用状况；

② 设计地区的地下空间用地功能与产权状况；

③ 地下空间建筑产权与居住人口；

④ 委托方对城市设计土地使用的要求。

（5）地下公共活动与场所

① 市民活动的类型、分布与地下空间功能布局的关系；

② 街道、广场、街区等活动地区的空间类型、分布与地下空间结构；

③ 重要公共活动地区与地下空间活动体系；

④ 地下空间重要地段的市民活动类型、场所、路径、强度与感受；

⑤ 市民对地下空间公共活动区域的感知、印象和认同；

⑥ 市民对地下空间公共活动区域的感受与评价。

（6）地下交通与活动体系

① 地下综合交通框架；

② 地下步行交通系统与分布；

③ 地下旅游观光活动系统；

④ 地下机动车与非机动车停放；

⑤ 市民对地下公共交通、步行系统的认可和评价；

⑥ 旅游者对地下公共交通、步行系统的认可和评价。

（7）地下基础设施

① 地下道路系统与断面形式；

② 地下供电与电信系统；

③ 地下给水排水系统；

④ 地下供热系统；

⑤ 地下管道燃气系统；

⑥ 地下防灾系统。

（8）相关资料

① 近期测绘的高精度地形图；

② 规划区航空和遥感照片；

③ 人口现状及其相关规划资料；

④ 社会经济发展现状及发展目标；

⑤ 规划范围内其他相关规划资料和规划成果；

⑥ 城市相关部门与单位的发展计划与设想；

⑦ 国内外相类似实践案例；

⑧ 相邻地区的有关资料。

2. 研究分析与构思

地下空间城市设计分析与构思，其目的是在现状调研与相关资料收集的基础上对相关资料进行系统整理，通过图、表、模型分析，逻辑演绎等方法进行处理，通过构成地下空间形态环境及其特定的组成要素和内容，寻找各要素和相关系统存在的问题和发展潜能，在项目任务目标指引下，制定地下空间城市设计目标与相应的措施与策略。研究分析与构思是地下空间城市设计方案编制的关键阶段，一般可通过小组研讨、多方案构思比较、公共参与、与相关部门沟通等，选择最终发展方案。研究分析与构思阶段成果由分析图、概念设计和调研报告三部分组成。在内容上相辅相成，内容包括地区发展存在问题、发展目标、设计原理与原则、发展策略与措施等。

（1）城市自然、人文环境与发展对策

地下空间城市设计一般与地下城市规划及地上城市规划、城市设计相对应，地下空间总体城市设计与地下空间总体规划相对应，局部地下空间城市设计与地下空间详细规划相对应，因此，在工作前期需要注重与相应的规划相互协调。在解析城市自然地理环境和历史演进特点的基础上，切合城市现阶段的社会、经济发展需求，制定相应的城市设计目标与策略，其中尤为注意发展地区与周边环境、发展目标与相应困难、基于城市现阶段的发展可能性、城市物质性要素与社会人文等非物质性要素的影响。注重人工环境与自然环境的协调，城市保护与城市更新的协调，城市功能增长与环境容量的协调，城市特色塑造与地区环境整体性的协调。在地区发展上，应延续地区的传统特色，保持地区文化、活动、环境的多样化，通过保护、发展与创新不同的地区与环境，为人、自然、社会协调发展确定地区发展目标、原则与对策。

（2）地下空间形态结构

基于地下空间形态与城市空间系统构成重要的关系，地下空间城市设计还要研究空间形态的发展需求与存在问题，包括城市整体与城市设计地区的形态结构分析，其目的是建立总体的发展格局与框架、空间系统构成、主要空间控制要素与重要节点，并赋予空间系统与局部的发展目标。

同时，地下空间城市设计还需注意平面与竖向结合，形成概念与意象的空间结构方案。分析研究的重点主要包括：首先是城市设计地区需求与城市大环境系统间的关系；其次是城市设计地区内部的空间形态结构，包括形态结构的特点、容量、可改变性与合理性等；最终还需用一个意象空间结构方案或模型，通过城市设计地区的空间结构与功能结构，来表达对问题认识、目标构建与发展应对策略。

（3）地下空间景观

依据需要设计的地区及周边自然、人文与发展格局，研究地下景观系统组成。包括整体空间环境意象、主要景观区域、景点的分布及相对应的视廊、视域、视点的空间分析；建立构成地下景观系统，按自然与人工环境探讨，确立自然环境区、主要公共活动空间与建筑群、需保护的历史环境、需开发或改善的重点环境等。在系统建构基础上，形成城市地区景观系统方案，包括广场公园、街区、景观道路、标志、建筑等。界定环境空间形式、形象，赋予环境空间意义，针对现代与传统、创新与延续、城市精神与城市特色的空间设计意象，提出相应的对策与概念方案。

（4）地下土地利用与建筑

依据城市设计地区的土地利用与建筑利用状况、区内人口与功能使用强度分析，对地区功能规模、土地利用、结构、系统协调与强度提出设计原则，对地区鼓励、适宜、改善、限制与迁出的功能提出指导性建议。同时，设计还应提出意向性的地区功能发展结构与布局方案，为进一步系统协调设计方案打下基础。在经济技术上，需列出各种功能比重、规模与空间利用状况，如开发强度、建筑密度、用地指标、建设量、停车量等，与相应的城市规划要求相对应，或提出必要的修改建议。

（5）地下公共活动空间

依据城市设计地区功能布局、空间形态，对城市开放公共活动空间进行系统分析，研究城市公共活动的人群及活动特征、类型及分布；依托开放空间系统中的广场、道路、街区等公共活动区的分布，组织地下公共活动系统，处理好聚集与分散、分区与混合、强度与氛围、共性与个性关系，建立高品质的地下公共活动空间系统，促使地下公共活动的产生与环境特色的形成。

（6）地下交通

依据城市总体规划，研究城市地铁、地下道路、公交、机动车与非机动车、人行交通对地区的影响；针对地下空间城市设计地区现状与未来发展面对的问题，提出发展或改善原则；配合城市公共活动布局与城市步行系统，组织好流线分布交通换乘体系，建立和谐的城市交通与城市功能活动间的发展关系。同时，在城市旅游上，结合城市功能与景观布局，建立运用多种交通手段的城市观光活动系统，为地方社会、经济、文化服务。

（7）重点与局部地区

对地下空间城市设计重点地区或局部地段，依据项目任务和地下空间形态、功能、结构要求，将所需发展建设的功能安置到特定的空间与环境中，采用三维的城市设计技术方法，建立最佳的系统发展协调、地区特色突出、环境质量美好并适应发展功能形成的物质形态方案，并针对项目发展的关键点，提出指导原则与措施，为地区局部的详细规划与建筑方案设计建立基础。对于实施项目较为明确的城市设计重点地区，还需结合项目的具体要求，考虑相关专业要求，以提高地下空间城市设计方案的现实性与指导性，如城市 CBD、城市商业中心、历史街区、火车站地区、新行政中心等。

3. 地下空间城市设计成果编制

地下空间城市设计成果一般包括设计导则、设计图与研究附件三部分，三者内容协调一致并互相补充，其中导则与图是地下空间城市设计实际运用性成果，附件为地下空间城市设计依据与支撑。地下空间城市设计导则是以条文、表格和必要的说明性图件构成，表述设计目标、原理、原则、意图、管理控制指标与具体措施，体现设计图的意图与指引；设计图是以图纸形式来分析与系统展示地下空间城市设计内容与结果，注重地下空间城市设计内容表现的可理解性、明确性与规范性要求。附件包括"城市设计专题研究"和"基础资料汇编"，其中研究报告主要以现状分析及问题、发展潜力、需求与目标、基本原理与原则、设计对策与导向内容为主体，为最终形成地下空间城市设计成果的依据。

（1）设计导则

① 总则。阐述地下空间城市设计的编制依据、适用范围、设计目标、设计原则、设计期限、解释权属部门等内容。

② 城市形态与空间系统。明确地下空间城市设计地区空间发展形态与功能系统组织、保护与发展原则；确定重要发展地区与节点位置、内容及控制措施；在物质形态上界定建设的深度、功能空间轴线等重要内容、目标与发展要求。

③ 地下空间景观。确定地下空间景观系统的结构和布局原则，分析地下空间景观资源的特征与特色，规定公园、广场、绿地、景观带、景点等的分布、性质、内容及保护、利用、开发的原则；确定景观视廊、视域与重要视点；确定重要景观的设计原则与控制指引。

④ 地下空间土地利用。明确地下空间的未来土地利用状态与地区发展功能结构；明确适宜与不宜发展的功能项目与设施；对区内需改进或建设的地段，提出较为明确的发展建议，引导地区开发建设；确定地区发展的功能规模、比例、强度与环境质量的技术指标；对重点地段建筑或建筑群建设，提出指导与强制性的发展措施。

⑤ 地下公共活动空间。明确地下空间重要开放空间的分布、规模、性质；规定地下重要的开放空间与城市交通、步行系统联系要求。对重要开放空间提出必要的设计指导与控制引导的原则、措施。

⑥ 地下交通。明确地下空间交通系统要求与道路网框架、道路功能与断面；明确地下空间步行系统结构与分布原则和控制指引，明确地下观光体系；确定地下空间的停车场、出入口、公交线路与站点等交通设施的分布。

⑦ 重点地区。对于设计的重点地区内重要的发展项目，提出建议性发展方案，同时给予必要的设计原则、控制措施，为实际的地下空间建设提供理论和设计基础。

⑧ 实施措施。提出地下空间城市设计实施的组织保障措施；拟定地下空间城市设计实施的管理政策与执行工具；确定公众社会参与和反馈，以完善地下空间城市设计的渠道与方法。

（2）设计图

设计图内容与设计导则相配合，通常有以下几类图纸。

① 地下空间城市设计环境效果意向图。表达地下空间城市设计预想的城市建设发展的物质形态环境意象，通过效果图、模型、多媒体、VR等方法，采用可视的手段表达最终建议方案物质空间形态与环境效果。

② 地下空间形态发展图。表达地下空间与城市或区域整体的相对关系，地下空间形态的历史演进变迁和发展趋势，现状、传统空间形态与发展趋势。

③ 地下空间功能与空间布局图。提出地下空间城市设计发展方案平面图，将地下空间城市设计方案的物质空间发展形态尽可能清晰地表达出来，如地下交通、市政设施、地下建筑物、深度、广场、绿地、小品、停车等，并提出相应的物质空间形态三维成果内容。

④ 地下空间形态图。地下空间城市设计地区的建筑深度分布，空间深度控制点及控制线、地区建筑群轮廓线，重要建筑物的位置与空间的关系。

⑤ 城市景观系统图。确定地下空间城市设计地区的主要景观、景观带、特殊景观，明确景观线视廊、视域，提出特色要素及保护、发展、创新的控制指导。

⑥ 地下空间公共开放空间图。确定地下空间城市设计地区的重要公共活动空间的结构、布局、位置、规模、性质与环境特点，提出地下空间公共开放空间系统的控制引导细则。

⑦ 地下空间交通系统图。确定地下空间主要的交通系统、步行系统、公共活动流线与公共服务设施系统，明确相应必需的服务项目、设施的分布、位置、规模，提出保障系统中的控制与引导指引。

⑧ 地下空间重点地区设计图。明确地下空间城市设计地区特色分区与对地下空间有重大意义的重点地区，规定其位置、范围、功能与景观特色要求，提出建议的物质形态发展方案，并提出相应的控制要求与设计指引。

（3）附件

附件是地下空间城市设计重要的支撑依据和补充说明，包括下列几点。

① 地下空间城市设计背景与现状分析。对地下空间城市设计地区现状环境分析与评价，提出存在问题、发展建设面临的难题，探讨可能的发展目标与可能性，并附以必要的现状图与现状分析评价图。

② 地下空间城市设计专题研究。针对地下空间城市设计涉及的关键问题进行的专项研究，如国内外可参照的类似地区的发展案例与理论、地区特色的探讨、可能的开发强度、景观控制技术交通发展策略等，每项专题研究独立成册，作为相应内容的城市设计决策依据。

③ 地下空间城市设计基础资料。整个地下空间城市设计过程中调查、访问与分析的基础资料与信息；地下空间城市设计过程中的公众参与、相关部门座谈汇报的记录；与地下空间城市设计相关的依据性文件、部门发展计划要点以及修改意见等。

11　城市地下空间建筑设计

11.1　设计原理

1. 地下建筑的优点

（1）不影响地面视觉效果

地下建筑与普通建筑相比，其最大特点是对地面建筑的视觉效果没有大的影响，而这正是地下建筑最重要的特点。例如，在一些优美的自然环境敏感地带，任何人工的地面建筑都有可能对环境产生影响，而部分或全埋的地下建筑物，正好可以解决视线突兀的问题。因此，很多公园建筑或者野生动植物研究机构都建于地下。同样，如果在历史悠久的街区或文物古迹地点，任何现代建筑都会有损历史环境和价值，那么修建地下建筑就是很好的解决方法，这就是很多大学中的新建筑物都建在地下的原因。

（2）保留地面的开敞空间

保留地面上的开敞空间与地下建筑物的低可视性是紧密联系的。把建筑物修建在地下，屋顶上留作公园或广场，能够不减少地面上的开敞空间。这个优点，对于希望尽量多地保留地上开敞空间的城市商业中心及大学等高密度地区是非常重要的。开敞空间不仅是为了用来娱乐消遣，而且可以减轻人们的密集感，在改善原有地面建筑物的日照和观景方面也有很大的好处。如密苏里州堪萨斯城，地下布置了大量工厂和仓库，而地面上的大片土地则可以安排其他用途。这对于保留农业用地或游览用地具有重大的意义。

（3）加强土地利用效率

地下建筑在加强土地利用效率方面有重要的作用。如果将建筑物的大部或全部功能放在地下，则地面可用作其他用途。这将避免由于过分密集的环境所产生的消极影响，从而提供了进行高密度开发的可能性。例如，明尼阿波利斯的瓦尔克尔社区图书馆建在地下，屋顶的部分用作停车场，因而比一般建筑物所占用的土地要少。另外，有些地下学校的屋顶上面用作运动场，可以节省土地费用，同时可使那些不够建造地面建筑的比较小的场地得到利用。

（4）提高交通通行效率

地下建筑的另一个优点是提高通行和交通的效率。对于密度越来越大的紧凑开发的城市区域，应当有一个高效率的大运量交通系统。地下建筑可以做到在一个三维空间中同时布置住宅和工作场所，因此能够缩短人们上班路程，减少在路上所需要的时间并且降低能源的消耗量。另外在地下，商业、工厂和仓库等设施能比较靠近布置，因而可降低材料及商品的运输成本和能源消耗。

（5）节约能源及控制气候

地下建筑物的一个突出特点就是具有一定的节约能源的潜力。一般情况下，与土接触的部分与地表面积的比例越大，或者建筑物在土中埋得越深，则节能效果越好。但是，由于各种心理学和生理学的需求，以及建筑法规中规定的安全方面的理由，许多地下建筑物要求直接通向地面并且要能开窗。所以，地下建筑物的节能效益因需要开口而有所降低；同时由于埋深大，承受较大土荷载而使建筑物造价增加。距地表面很近的建筑物，由于只是部分与土接触，反而能够发挥出更多效益。

（6）提升安全控制水平

地下建筑与地表面隔离，因此具有良好的防火性能。又由于出入口少，因此地下建筑比地面建筑物更为安全。因为大部分地下建筑不露出地面，所以在地下修建学校有一定的好处，可以避免学校设施受到破坏并实现高限度的安全保障。由于出入口有限，很容易进行监视和检查，可以减少社会人员对学校的非法闯入，尤其是保存重要的记录、资料、文件和储备紧急用的食品、燃料，是很安全可靠的。在堪萨斯城开发的大规模地下空间中，储存重要档案就是其重要用途之一。

（7）具有良好的隔声与隔振效果

多数地下建筑物，除了少量露出地面的部分，都被巨大的岩石或土体包围，因此能够降低或完全消除噪声和振动。地下建筑物可以用于要求安静和与周围环境隔离的用途，例如一些特殊的实验室以及只允许有轻微振动的生产车间等。当地下建筑内部产生噪声时，可以起到降低对外部环境干扰的作用。用物理的隔绝方法，也许可以不必要求图书馆非要设在安静的地方，工厂也可以靠近高速公路。利用地下建筑，可以把在功能上互相有矛盾的建筑物靠近设置，把不能用或已经利用的土地再充分利用起来，促进土地的有效利用。地下建筑越深，开口越少，隔绝噪声和振动的效果就越好。

（8）维护管理简单

地下建筑物顶部和墙壁都覆盖土，使维护管理得以简化，其简化的程度取决于覆土建筑的类型和性质。地下建筑的结构主要采用了混凝土等经久耐用的材料。结构长久耐用的原因是所使用的各种材料可避免因暴露在大气中遭受温度变化和冻融交替造成的损害。覆土使建筑材料免受紫外线的照射，也是建筑材料经久耐用的重要原因。

（9）运行期费用较低

按照建筑物生命周期理论，建筑物的所有费用中包含建筑物设计、建造和运用、拆除的所有费用，所以确定建筑物的经济寿命有利于评价建筑物的总费用。建筑物运行期费用包括建筑物的能源消耗、维护管理和保险费等。很多情况下，地下建筑即使修建时的造价高一些，但是与地面建筑物相比，运行期费用是较低的。而且，地下建筑物与某些地面建筑物相比，具有较长的使用寿命。

2. 地下建筑的缺点

地下建筑物完全在地表面以下，自然会给设计上带来许多难题。为解决地下建筑的问题和其他一些技术问题所增加的费用可能也会成为地下建筑在设计和建造中的缺点。然而，这些缺点并不是绝对的和长期的，从发展、可持续的眼光来看，这些障碍都是可以克服的。如果着眼于地下建筑的好处而考虑采用地下方案，那么，通过精心设计和技术革新，是可以克服这些困难的。

地下建筑的障碍并不在生理或技术方面，主要是心理方面。如果想把某种公共活动放到地下，尽管类似的功能在无窗建筑或地下室中早已习以为常，但还是会遇到一定的阻力。这种心理因素往往成为修建地下建筑的障碍。这些障碍可以通过设计的精心和地下建筑的广泛使用而化解。下面就地下建筑存在的一些缺点进行讨论。

（1）观景和天然光线受到限制

由于建筑物的一部分或全部在地下，外墙表面的大部分都被岩石或土覆盖，天然采光和向室外观景会受到一定限制。对于浅埋地下建筑，这个限制可以利用中庭和天窗以及靠近地表面的其他开口部得到一定程度的克服，但是地下建筑物在平面布置上的变化，与地面建筑物相比，其可能性要小一些。利用透镜从地面把天然光引到地下建筑物内和向外观景，这种太阳光学方面的新技术虽有很大的潜力，但对于地下建筑来说，解决这个问题是相当困难的。并非所有地下建筑都需要有天然光线，对于进行无方向性活动的大空间以及人们停留时间较短的商店等，一般不一定非要有窗。而剧场和几乎无人的仓库，则完全不需要开窗。

（2）出入和通行受限制

地面承载了大部分行人和车辆的交通，所以人和车辆进出地下建筑物给设计造成一定的困难。交通是否方便，取决于地下建筑物接近地面的程度、场地的条件及与建筑物功能有关的进出要求。10m以内浅层埋深的地下建筑物要解决人和车辆的交通问题相对容易。可以采用坡道、楼梯和中庭的方法作为行人和车辆进出的通道，与一般建筑物没有多大区别。布置在斜坡地的地下建筑物，有利于人和车辆水平直接进入。地下深层的进出如果只能通过很长的竖井就很困难，而且投资也较大。如果在深部空间的外侧有陡崖，能修建水平通道作为进出路，则是最好的方法。

商业街、学校、食堂、剧场、教堂、运动场等要求很多人能同时进出和通行的地方需要大型出入口、走道、门厅、坡道、自动扶梯等。虽然这些使用人员较多的设施其功能很适合利用地下空间，但为了把造价较高的垂直交通减到最小程度，这些建筑物应建在距地面较近的位置。实验室、室内娱乐设施、制造工厂、仓库、博物馆、图书馆等，使用的人员不太多，人们的进出也不很频繁，一般不需要大型出入口和走廊及运送设施。但如果这类建筑物放在地下，进出的条件不太受到限制时，应当使用自动扶梯和楼梯。

（3）受到场地的限制

虽然各种不同形状的地下建筑物可以适应各种各样的用地条件，但是场地的特殊性常会使地下施工遇到一些特殊问题。岩土条件对地上和地下建筑物都是一个制约因素，对地下建筑更甚。透水性能很差的土壤，对地下施工就是一个难题，膨胀黏性土会对地下建筑结构产生附加压力。土层很薄的地方，对挖盖式工程是不合适的，因为要爆破岩石，增加费用。同样，地下水位的位置也常使地下工程建设受到限制。

（4）容易受到防水问题侵扰

地下建筑与地面建筑相比，渗漏水的可能性更大。如果地下建筑物有一部分在地下水位以下，防水问题就更为突出。但是，在地下水位以下修建地下建筑物是较少的。在选用防水材料时，由于没有长期的性能记录，很难找到性能很好而且适用范围很广的产品。而高级的防水材料的费用普遍较高，难以在一般民用建筑上使用，对漏水的建筑物进行修补也很困难，因此慎重选定和使用地下建筑的防水措施是很重要的。

（5）结构强度的要求增大

平屋顶上的较大的土荷载加上埋在土中的墙壁受到的侧向土压力（土压力随着在土中的深度而增大），使结构构件使用量增加，造价也会提高。这个经济因素成为某些地下建筑不能建造在很深的地下或者规模不能很大的主要原因。礼堂、剧场、教堂、集会场所以及网球场、游泳池等室内娱乐设施需要有较大的跨度和较高的空间，因此其对于结构的要求导致难以进行地下设计。

很多实例证明，采用曲面壳体结构是承受较大土荷载的有效方法，可以降低造价。或者用天然岩层做屋顶的矿山式地下空间，其跨度的界限和经济性与当地地质情况有关，当跨度为 12～15m 时和混凝土结构造价几乎相当。

（6）节约能源水平有限

地下建筑在节约能源方面虽具有较大潜力，但也是有限度的。因为其需要更多的照明、对环境的变化反应慢等因素，所以其具有一定的劣势，但这并不能从整体上否定地下建筑物的优越性。第一，不论节能效益还是节能限度都难以定量，可能存在不同程度的性能差别。第二，节约能源的潜在限度受特殊气候条件和建筑设计的影响，在明确了节约能源的潜在限度以后，可以在设计上确保节约能源并把所造成的不利影响限制在最小程度。如通过地热资源调节温度，适当采用天窗等方式引入光线，都是可以解决能源消耗问题的方式。

3. 地下建筑的设计

从广义上看，地下建筑在设计上应该注意的问题几乎包括了建筑设计的所有内容，就这一问题进行探讨明显过于庞大，这里重点探讨地下建筑的特殊问题，或者说在设计地下建筑时应特别注意的问题。

（1）外形和特征设计

和普通建筑物一样，地下建筑物的外部形象和特征也要适合大众和使用者的观点，能为公众所接受。在设计地下建筑物的外形时，要考虑人们对地下空间的不良心理反应。然而，这只是为了抵消一些不良的心理反应，而不是考虑外形时的唯一因素。事实上，地下建筑能创造一些非常有特色的外形，一般地面建筑即使不是不可能，也是很难做到的。例如，地面建筑物虽然能够在一定程度上与自然环境相呼应，但在自然景观中的人工建筑物很难消除人工与自然环境之间的界限。由于把建筑物的一部分或全部放在地下，能够将其体形和外轮廓隐匿起来，从而使建筑物与大自然完全融为一体。此外，还可以将较大型的建筑物布置在那些敏感的地点而不破坏尺度，不占用开敞空间，不影响当地特色并与环境相协调。

地下建筑物的外形设计可以有许多优点和可能性，但还必须克服一些难点和潜在的问题。第一个问题，地下建筑物的很多基本特征是共同的，因此产生许多地下建筑物的外形和特征相似的倾向。城市中的地下建筑物在设计时必须注意与周围建筑物的尺度、材料、外形和开敞空间的配合与协调。

地下建筑物的外形设计还应该考虑的问题是建筑物大小、位置、出入口等。普通建筑物的外部有明确的轮廓，明显的体形，清楚可见的出入口，因此很容易识别和知道其地点。地下建筑物，特别是全部位于地下或露出地表部分很少的建筑物，是很难分辨的。并不要求地下建筑物必须具备地上建筑物的所有特征，然而地下建筑物的外形和特征应该表现出建筑物的方位和出入口，以便识别。

另一个问题，地下建筑物给人印象和关注的内容不同。许多地下建筑物的通气孔、货场、管道、计量器、防火安全出口等都要露出地面。这些对于地面建筑物的外形来说，相对较小，没有多少影响，可是对于地下建筑物来说，却成为唯一可看到的地上构筑物，因而对外部形象有很不好的影响。为了减轻其不良影响，可以把它们与地下建筑物露在地上的部分组合在一起，形成一个统一的建筑形象，或者采用细致巧妙的方法，通过总体布置和景观设计加以解决。

（2）出入口设计

进入地下建筑物的方式，在人们对整个建筑物的感觉方面有很重要的影响。人员出入口在设计方面的重要程度与建筑物的用途有关。地下仓库的出入口只有少数人使用，主要用于进出和储存货物。有很多人工作的办公室和工厂的人员出入口的设计，问题就比较大。和一天中人们只进出一次的设施相比，有很多人进进出出的图书馆、博物馆、礼堂等公共建筑物的出入口设计就应更加注意。

对于大部处于地下的建筑物来说，从外面给人的印象主要取决于出入口。出入口起着把人们由外面引到内部的导向作用。出入口也可能助长人们到地下建筑中去的恐惧感和幽闭感。任何建筑物出入口都是把人们引向内部空间的关键部分。对于地下建筑物，这种导向功能更为重要。而且，出入口部分往往可以得到一些天然光线并能向外观景，因为出入口是地下建筑物露出地表面的少数部位之一。为了尽量缓解人们进入地下建筑物时产生的不良心理，要采用一些设计手法，其中最重要的方法是设计成与地上建筑物出入口相似。在地面上的出入口，最好不要设计成在离出入口内侧或外侧很近的地方立刻下楼梯。往下走，往往会使人产生不好的心理感觉，而往上走时，人们的心理感觉就比较好。过去，一些大型公共建筑常常设计很大的室外台阶，上到二层后再进入主要入口。

（3）天然光线和自然景观

缺乏天然光线和不能观景，是地下建筑物在心理和生理两方面存在的最大问题。除了仓库和其他一些人的活动不是主要功能的建筑物，几乎所有类型的建筑物都希望能有一些天然光线。建筑物中各个房间需要天然光线的程度是由房间的用途决定的。如私人办公室或医院病房等，都需要充足的阳光照射。其整体的形状是由天然采光和对外观景的要求决定的。一些适合于无窗空间的用途，例如博物馆、礼堂、展览厅等，只在走廊和门厅部分需要解决天然光和观景问题，这种情况给设计师以较大的灵活性。

在平坦地上，用土堆在建筑物周围时，可在土堆顶部设一个中庭，在中庭的周边安装玻璃窗。不论是斜坡地或是平地，天然采光和向外观景问题都可采用设中庭的方法解决。如果地下建筑物是多层的，中庭就要深一些，为了使阳光能照到庭院的地上，使人能有看到室外的感觉，就要把中庭设计得宽阔。室外中庭所能看到的景观是有限的，所以中庭内的绿化和美化设计十分重要。

在平地上，设置天窗是向地下建筑物的上层引入天然光线的一种常用方法。很多情况下，安装水平玻璃天窗比垂直玻璃窗能引入更多的天然光线，但是向外观景却不如垂直玻璃窗。因此，不能认为只用天窗就能完全代替普通窗。有的设计师用朝向中庭的倾斜玻璃窗或采光井，从上面引入天然光，也可以从某些角度向外眺望。除敞开的中庭外，还可以做成在顶上装有天窗的封闭中庭。这是经常采用的方法，即所谓"借光"的概念。

除了上述常用的方法以外，国内外也有把天然光和外部景观引入到地表下房间中去的新技术。如明尼苏达州 BRW 建筑师事务所试验了各种光学技术，用镜子把从窗子射入的光线和外面的景观反射到不直接靠近窗子的房间中去。还有其他的方法，例如用镜子和透镜引入外部景物，就如同一个潜望镜。

（4）室内设计

不论什么样的建筑物，室内设计都是让使用者产生深刻印象的一个关键因素，对于地下建筑物尤为重要。为了消除地下建筑使人们容易产生的（如幽闭恐惧症、不能眺望观景，失去方向感、缺乏刺激以及关于阴暗潮湿的地下室的联想等）不良的心理影响，要特别注意创造良好的内部环境。引入天然光线和外部景观，可能是减轻上述不良影响的最有效的手段。但由于引入天然光线和观景往往受到限制，所以必须很好地进行室内设计，使有限的光线和观景产生最大的效果。

为了要产生能造成视觉刺激的宽敞感，在地下建筑中一般采用宽大走廊、较高的天花板、敞开式的平面布置等产生宽敞感。为了产生使房间扩大和多样性的效果，在地下建筑物中常常使用玻璃隔墙代替实体隔墙。最有效的方法，将小的房间围在很大的、多层中庭的周围，从小空间眺望大空间，可以消除在地下的感觉，即使天然光线射不到中庭，也能使人们看到与外界接近的景色。

内部房间的大小和布局，是地下建筑物使人们产生直观感觉和印象的重要因素，同时也不应忽视色彩、质感、照明、家具摆设等的微妙作用。在缺乏外部刺激的环境中，照明和色彩的变化可以在一定程度上模仿天然光线的变化。用充分的照明和鲜明的色彩，可以加强室内表面的暖色调，消除人们对地下空间阴暗的联想。如果需要的话，在室内设计方面可以通过强烈的照明、摆放艺术品等起到使人们的注意力更加集中的作用。

11.2　地下人防

1. 概述

地下人防是地下空间利用的重要功能，在开发利用地下空间中，要充分考虑城市的防护能力，对战争和灾害进行预防性的措施。国内外大量的实践表明：地下建筑在战争灾害中的防御效果是最好的。因此，地下人防工程建设是地下空间的重要内容。

世界上许多国家都非常重视人防体系建设。特别是经历了一战和二战的洗礼后，都加强了地下人防工程，计划一旦进入战争则能有效地保护人员和保存物资。例如瑞典人防从 1938 年开始建设，目前已建人防工事近 7000 个，面积达到 700 万 m² 以上。瑞典计划在战争时期全国 90% 以上的人员都能进入地下人防工程，人均面积达到 0.8m²。这些人防工程在设备方面也是十分先进的，包括通信、指挥、报警、防核化装备等，已生产 760 万套，占总人口的 85%。

美国也是地下人防工程的大国，二战中美国因夏威夷遭受了日本的攻击，开始担心别的国家对其本土进行打击，因此修建了大量的地下人防工程和军事工程。以美国的地下核导弹基地为例，一个地下空间发射中心掌管着 10 枚核炸弹，总当量相当于 600～700 颗广岛原子弹的威力。人们在和平时期很难想象美军的 7500 颗核弹（总当量相当于 15 万颗广岛原子弹的威力，可毁灭地球 2 次）高度戒备状态下发射事故却能为零，主要原因是它们深埋于地下控制中心，在一定程度上消除了武器对自身带来的威胁。

地下空间能有效保护人身安全。第二次世界大战期间，希特勒有一个坚固的地下室，被称为"钨堡垒"，而苏联斯大林的地下安全宫深度是希特勒地下室的两倍，是真正的"一级防弹防毒地下建筑"，地下安全宫建筑深度达到 40m，上面铺有 3.5m 厚的钢筋混凝土，可经得起 2t 航空炸弹的爆破和袭击。

我国从 1960 年起就大量地进行人防工程建设，各地区建设许多的交通干线、指挥所、掩蔽部和医院。20 世纪 80 年代这些工程陆续投入使用。到 90 年代，已把地下空间开发和城市建设、人防建设相结合作为建设的基本目标。进入 90 年代中期之后，地下空间开发考虑把平战功能转换和结合作为人防建设的基调。现在，在大中城市建设的地下铁路、地下商业街、地下综合体等地下设施，都要求具有一定的防护功能。

人防工程是为了抵御战争时期各种武器的杀伤破坏而修建的地下空间建筑，通常有指挥所、掩蔽所、通信、水库、储藏库、医院、交通干线等。人防工程是以战时为主、平战结合的原则修建的，在和平时期能够发挥经济效益和社会效益，在战争中以能保护人民的生命安全为主要目的。

2. 相关技术

（1）武器的破坏作用与防护原则

① 破坏作用。武器破坏作用主要指：核武器、常规武器、化学武器、生物武器的破坏，在工程防护上称为"三防"。总之，防护是随着武器的更新其措施也会不断改进。

核武器主要是原子弹、氢弹和中子弹。前两种为战略核武器，后一种为战术核武器。核武器的杀伤作用因素有光辐射、早期核辐射、冲击波和放射性污染四种。常规武器主要指非核弹头的导弹、炮弹、火箭弹等，它可命中目标造成直接杀伤和破坏作用。1991 年海湾战争中美军使用了激光钻地炸弹，可钻地 30m 深或穿透 6m 厚的钢筋混凝土板。

针对上述特点，地下人防工程一方面要有足够的防护厚度，同时也要做好口部防护及伪装措施。

② 防护原则。人防建筑必须按有关规定确实达到防护等级。要按"三防"的设计要求进行设计。

防护工程最重要的两点，首先，是防护层厚度为 1.0m 覆土或 0.7m 钢筋混凝土，能把辐射剂量削弱 99%，因此，增加覆土厚度是很重要的；其次，是口部要做好防冲击密闭，进风口的除尘、滤毒。

（2）人防工程口部设计

① 三种通风方式。

a. 通风主要利用自然通风进行，如自然通风达不到要求，考虑机械通风或混合通风。自然通风是利用风压、地形的高差，以及室内外温度差等形成的通风。机械通风是利用机械设备，采用电力或者其他动力方式，在室外内形成风压，最终形成空气交换的方式。混合通风则是二者的混合。通风可保证室内的换气及空气新鲜。所以，建筑布局上必须考虑进排风路线的畅通，防止出现涡流、死角，尽可能减少通风阻力。

b. 战时通风是指人防工程在室外染毒情况下而采取的一种通风方式。这时就必须对染毒的空气进行消毒、过滤，从而使室内有清洁的通风，以便于人员呼吸新鲜空气。战时通风有三种通风方式：清洁式通风、滤毒式通风、隔绝式通风。

② 出入口的形式与平面设计。

a. 出入口的形式。防护工程中出入口的形式有以下几种：直通式、拐弯式、穿廊式、垂直式。各种出入口形式都有不同特点，必须根据防灾要求、人员数量综合确定，通常不少于 2 个。出入口有主要出入口、次要出入口、备用出入口与连通口，在不同的状态下起不同的作用。

b. 战时进排风口的平面设计。进风口兼出入口时，一般应根据防护等级设计，有进风扩散室、除尘室、滤毒室、进风机房、染毒通道防护门、密闭门等。排风口设计时，其中有一个必须同出入口相结合，这样可以保证在染毒条件下，室外部分人员进入室内时进行吹淋洗消等消毒之用。因此，排风口有排风机、排风扩散室、染毒通道洗消系统、防护门及密闭门。

排风口设置实际上是平时使用的备用出入口，而在战争染毒状态下，为了让在室外的人员进入工事内，必须从排风口进入，此时的排风口变为主要出入口，一旦室外空气被染毒，工事内必须与室外全部隔绝，即进入战时使用状态。

（3）口部防护设施

防护门及密闭门设在出入口第一道，作用是阻挡冲击波。密闭门设在第二或第三道，作用是起到阻挡毒气进入室内的功能。

防爆波活门是通风口处抗击冲击波的设备。它能在冲击波来临超压作用下瞬间关闭。目前采用的有悬摆式活门、压板式活门、门式活门等。如果活门不能全部阻止冲击波，为防止余波伤及人员及设备，常在活门后设置一个矩形房间，称为活门室，或设置一个扩散室。该房间的主要功能就是将从活门缝隙中冲进来的冲击波余压突然在空间内扩散，减少单位面积的余压以避免伤害人员及设备。

3. 工程设计内容

（1）指挥所设计

指挥所的主要任务是保证对一定范围内的人防体系进行不间断的指挥，并对上级和下级及相邻指挥所保持不间断的通信联络，以及使少数指挥人员和工作人员在其中能较长时间坚持工作和生活。指挥所一般包括指挥部分、通信部分、生活部分、动力部分和其他部分。几个主要部分之间的关系，一般是以指挥部分为中心，通信部分布置在附近，其他部分则按内容和用途安排在适当位置。具体设计要点如下。

① 合理布局，保证安全。从指挥所方案来看，布局是多样的，可以单独布置，也可以与其他工程项目交织在一起。单独布置时，使用和管理比较简单，但由于面积一般较小，不适于附建式建筑。这种布局在面积的分配和房间的使用上比较灵活，容易做到平战结合，也便于指挥所与其他有关部分进行直接联系。

指挥所应保持相对独立，避免内部交通混乱和由于防护等级不同而引起结构上的复杂化。除应保证指挥所的结构强度外，出入口的布置要合理，在不同方向上至少要有两个出入口，并有直通地面空地的安全出入口。

② 布置紧凑，便于指挥。目前存在指挥所面积设计较大的现象，这就使工程量和投资增加很多，还增加了通风和电力等的负荷，对保证战时使用也是不利的。造成这种现象的原因是有些工程把一些与战时指挥没有直接关系的房间都放在指挥所内，也有的是由于房间面积过大而造成的。减小建筑面积，使布置紧凑的一个有效措施就是尽可能减少走道的面积。

③ 具备长期坚持的条件。为了在各种不利情况下仍能正常地指挥，在指挥所中需有备用水源、电源和空气过滤设备。备用水源最好放在排风系统的末端，以免增加房间内的湿度。备用电源如采用柴油发电机，最好布置在指挥所附近，用通道相连，以减弱噪声和振动。在指挥所内应备有一定数量的休息室和厕所。休息室可按值班与休息人数的比例确定面积，一般工作人员的休息室还可按双层铺考虑。厕所的位置应使指挥人员在不远离岗位的情况下使用，但要解决好排气问题。

（2）掩蔽所设计

掩蔽所主要有人员掩蔽所和防空专业队掩蔽所两类。人员掩蔽所又分临时掩蔽所和长期掩蔽所。防空专业队掩蔽所包括民兵、救护队、消防队、抢修队、运输队等专用的掩蔽所。长期人员掩蔽所包括居住部分、生活服务部分和其他部分。防空专业队掩蔽所还包括指挥室、通信室、武器库、器材库和车库。

人员掩蔽所的特点是使用人多、密度大、出入较集中，生活上的要求比较多。同时，建造的数量多、分布广，有时需要群众参加施工，因此在设计中应着重解决好以下几方面内容。

① 合理使用，平战结合。由于人员掩蔽所的数量大，布置分散，加上人员不宜长期在地下环境中居住，故平战结合的问题不易很好解决；又由于规模大小和内部布置方式的差别较大，很难要求平时作统一的用途，因此必须根据具体情况处理，使之在平时尽可能得到充分利用。对于地下车库的停车部分、地下食堂的饭厅部分、地下学校的教室部分、地下车间的战时非生产部分，以及大型通道的一侧或两侧，都可作为战时的临时掩蔽所，平时照常使用。

② 安全可靠，施工简便。为了保障掩蔽人员的安全，除防护设施需完善外，掩蔽所中的人员不应过分集中，以便当某部分工事一旦发生事故或被破坏，使在其他部分的大多数人仍能处于防护条件下。因此，人员掩蔽所应按有关规定中的人数限制划分成若干个防护单元，每个防护单元应有相对独立的防护设施和生活设施，两单元之间用防护墙隔开，需要连通时，应在两个方向都设置防护密闭门。每一个防护室的面积也不应过大，平面布置应使轮廓简单、整齐，尺寸统一；结构上应尽可能简单，采用当地材料，使用与通道通用的构件，避免复杂的接头。

③ 具备一定的卫生条件和生活服务设施。由于人员掩蔽所的使用人员比较集中，其中又有老、幼、病、残人员，在掩蔽所内保持一定的卫生条件是很重要的。除安排必要的医疗设施外，在建筑设计上应创造条件，使掩蔽所中便于保持清洁和防止疾病传染。例如，控制人数和防护室的面积，结合防护单元的划分进行卫生上的分区，设置隔离单间、医务室、清扫用具和垃圾存放间等。

（3）医院、救护站设计

地下医院的主要任务是战时担负一定范围内的伤病员救治工作，包括分类、普通手术和短期住院；须动大手术或长期住院的伤病员，应及时疏散到后方医院。救护站主要担负防护战斗区范围内伤病员的临时急救，进行包扎或简单的手术。附建于各级医院中的地下医院或救护站，应当考虑平时住院病人在战争爆发后能迅速转入地下掩蔽，等候疏散和转运。综合性地下医院一般包括门诊部分、手术部分、住院部分、生活服务部分和配套部分。救护站一般包括洗消间、候诊室、急救室、包扎治疗室、简易手术室、氧气瓶室、药房、病房和值班室等。根据地下医院和救护站在战时及平时的使用要求和特点，在设计中要注意以下几点。

① 平面布置要有明确的功能分区。规模比较大的地下医院，由于组成部分较多，关系比较复杂，人员来往也较频繁，为了使用方便、防护安全和便于保持清洁卫生，平面布置需要明确地划分几个区，如门诊区、手术区、病房区、服务区等。从使用上看，门诊区在中心，围绕候诊厅布置；病房区在后部；手术区在右侧，与病房和门诊的联系都较方便；生活服务区则分散在四角。这样的分区，既避免了各部分的干扰，又能较方便地进行联系，病人往返的路程也较短。从防护上看，大面积、集团式的布置是不利的，把平面划分成两个防护单元，门诊区是一个单元，病房和手术区是另一个，这样对于防止局部被破坏和防毒密闭都是必要的。在进行功能分区时，还应当注意解决染毒与非染毒部分的分区问题。对于一般人防工程，使用部分都必须在非染毒区，即清洁区内。但对于地下医院，特别是战时以急救为主的救护站，应当考虑在染毒区进行包扎、急救，甚至手术的可能性。

② 保证交通运输的方便和安全。地下医院和救护站在战时运送伤病员时能否做到交通的迅速、安全、方便，是设计中的一个很重要的问题。

首先，在地面上的伤员如何能迅速和安全地转入地下急救。战时伤病员的运送可以有两种方式：一种是用担架或救护车经电梯或坡道直接进入地下医院或救护站；另一种是先就地进入地下人防体系，再经通道到达医院。显然，前一种方式是较好的。

其次，医院、救护站的内部布置要便于交通运输，包括出入口、楼梯间、电梯间、坡道、走廊等，都要有足够的尺寸和适当的位置。

③ 保证必要的卫生条件。除在平面布置中考虑卫生上的分区外，在通风、给排水等方面应按规定的标准提供必要的卫生条件。在有条件时，应尽可能利用自然通风，例如在地下医院设置窗井，对于平时使用比较方便，也比较经济。当医院规模较大而采用密集布置时，即使在平时，也应保证必要的机械通风。对于一些卫生要求特别高的房间，例如手术室等，可以考虑采用局部空调。

医院、救护站在战时或平时都需要较大量的给水和排水。除了水井、水库等足够的备用水源外，还应有一定数量的热水供应。在有条件时，还应有少量淋浴设备，洗消间也应有热水供应。由于手术室等房间经常要用水冲洗，因此排水量相当大，应设置足够大的污水池，用污水泵抽至防爆化粪池。从手术室等处排出的含有大量细菌的污水，应排入专用的污水池，消毒后才能排走。

④ 平战结合。由于地下医院和救护站工程多建在现有的医院中，地上与地下建筑的功能基本一致，因而平战结合问题比较容易解决。手术室设于地下环境比较适宜，夏

季无须中断使用。

因为平时病人一般不希望住在地下，地下病房平时多闲置无用，有的设计考虑地下病房平时作各科门诊室，战时缩小门诊，扩大病房；有的考虑平时作外科小手术病房，住院时间短，或者作烧伤病房，对于防止感染是非常有效的。

11.3　地下工业

1. 机械制造类厂房

（1）生产工艺和建筑组成

机械制造类生产包括的范围很广，主要是对金属材料、半成品等进行机械加工和铸、锻、铆焊、冲压等加工，然后将加工完的零件装配成机械零件、机床或其他机械设备，经油漆、检验后出厂。机械制造厂一般由机械加工车间和装配车间、铸工和锻工车间、金属结构车间、电镀和热处理车间、生产辅助车间、动力站、行政办公生活用房和仓库组成。

（2）厂房的平面布置

① 生产工段的布置。厂房中各工段的平面布置应与有关工艺设计人员密切配合进行。在建筑设计中应重点考虑功能、污染等问题。

首先，厂房布置要按功能要求分区布置。比较明确的分区以机加工为生产主体，集中布置在厂房主要部位；热处理、精密加工、电镀等生产有空调要求，集中靠近空气调节系统布置；生产辅助车间和生活间也集中布置在靠近人流入口附近。

其次，要满足生产工艺流程要求。机械加工车间的材料、半成品可以分别从两个洞口进入，经机加工、精密加工和热处理后，在装配工段进行装配，油漆、检验后再至地下成品库，各个生产工段位置基本按工艺流程布置。

第三，合理布置有污染的工段。在地下厂房这种封闭的但内部又贯通的空间中，要特别重视污染工段的布置，这是保证厂房今后能否正常生产的关键。建筑设计应与工艺、风设计密切配合，为减少污染、控制其扩散创造条件。

② 交通运输的组织和通道布置。

a. 交通运输组织。地下厂房的通道狭长，人行和货运集中，同时只能用人工照明，光线不均匀，因此，如交通运输问题解决不好，不仅影响生产的正常进行，还将造成安全事故。

地下工厂各工段之间的联系是通过运输工具来完成的，因此各种运输工具的行走路线应通畅无阻，减少走回交叉，并且少设中间转运，以加快运输速度。地下工厂的运输工具，水平方向有各种无轨运输车辆、皮带运输机或金属运输链等，垂直方向有各种提升机、电梯等，各种吊车则可同时解决水平、垂直两个方向的运输问题。

b. 通道设计。地下厂房通道包括独立于生产或生活用洞室之外的专用通道，和设于洞室内与车间内工段布置相结合的人行、运输通道。地下厂房与地上联系以及洞室之间联系全靠通道，因此，通道位置布置合理与否，将影响工程使用。同时，通道在建筑施工总工程量中占的比例相当大，因此通道的数量和长度还影响到整个工程造价。

通道布置应满足运输和人行要求，地下工程技术管线一般也要经过通道内，因此，还要考虑管线走向和布置。当通道出入口兼作通风口时，要结合整个厂房通风组织确定通道位置。总之，地下厂房通道应同时满足人行、运输、布置管线和组织通风的要求。通道应短而顺，最好环状布置，便于回车和布置管线。车间内人行、运输通道要紧密结合生产工段和工艺设备布置。

c. 行政和生活用房的布置。行政和生活用房布置的内容是根据生产要求确定的，生产对人体污染程度不同，其布置内容也不一样。可查阅有关工业企业设计卫生规范确定。一般机械加工车间行政用房包括车间办公室、技术资料室、生产管理室等；生活用房包括盥洗室、厕所、饮水间、存衣和休息室等。设计原则和地上生活间一样，主要是合理确定生活用房的内容，以及将干湿区域合理分离，处理好洞口生活间布置。

（3）厂房轮廓尺寸的确定

① 厂房跨度和高度的确定。

a. 厂房跨度。地下厂房净跨尺寸取决于生产使用要求、建筑经济性、地质情况等因素。其中，生产使用要求洞室跨度应满足生产设备布置、工人操作、检修所需的安全距离，以及交通运输、人员通行所需的通道宽度。一般地下机加工车间，当布置一排机床时，跨度取 6m，当布置两排机床时取 8m，布置三排机床时取 12m。跨度过大则要采取特殊的结构处理，地下机加工车间跨度采用 12m 左右较多。

建筑经济性在岩石质地较好的情况下，适当加大跨度是经济的，如某工程设计成一条大跨度洞室比两条小跨度洞室的造价省 20%～30%，有效生产面积可以增加 10%～20%。这是由于跨度大一些有利于组织机械化施工，加快掘进速度；同时，洞室跨度大，通道面积相对减少，有效生产面积增加。

地质情况是决定洞室跨度大小的基本条件。在有吊车的厂房，还要考虑吊车跨度问题，其公式可以表达为：

$$L = L_D + 2D$$
$$D = d_1 + d_2 + d_3$$

式中　L——厂房衬砌跨度；

　　　L_D——吊车跨度（由实际的生产工艺决定）；

　　　D——联系尺寸；

　　　d_1——吊车端部结构尺寸，可根据吊车产品的名录选取，一般标准 10t 以下桥式吊车可取值 230～250mm；

　　　d_2——吊车端部与厂房结构边缘之间最小安全空隙，取值 80～100mm；

　　　d_3——轴线与柱边距离。

b. 厂房高度。地下厂房高度的确定包括净空高度、毛洞高度、吊车轨顶标高、净空高度地面至拱顶下表面净空尺寸。由于地下厂房生产使用空间主要是直墙部分，故还应分为直墙高度和拱矢高。毛洞高度即净高加拱顶及地面所需衬砌结构和构造尺寸，必要时应包括拱顶以上施工所必需的操作空间尺寸。对形状比较复杂的横断面，其设计高度要根据具体使用要求的控制高度确定。

吊车轨顶标高即吊车行走轨道的轨顶标高，为厂房设计高度控制点之一。当厂房无吊车时，厂房高度按室内最高设备尺寸加上其安装、检修、操作要求的空间高度和设备以上布置管线、灯具所需尺寸，再考虑通风、除尘对室内净高的要求，结合地质条件等确定。当有吊车时候，除满足上述要求外，还要考虑布置吊车时对高度的影响。吊车安装高度即吊车轨顶标高，工艺设计提出的控制高度即吊车要求的总高度，其公式表达为：

$$H=H_1+H_2+H_3$$

式中　H——吊车控制高度；

　　　H_1——吊车梁轨顶高度；

　　　H_2——吊车设备高度；

　　　H_3——吊车设备最高点与结构突出物的最小安全距离。

② 通道轮廓尺寸的确定。通道轮廓尺寸的确定随用途的不同而不同。

a. 通道宽度。运输通道的宽度主要取决于运输工具限界尺寸、运送最大设备轮廓尺寸及安全行驶有关技术规定。例如汽车运输单车道一般取 3~4m，双车道取 7m，单车道还应考虑回车、避车问题，局部设回车场、避车道等。

b. 通道宽度。总高度按人员通过及所需运输的最大设备轮廓尺寸而定。一般仅供人员行走的通道，高度最小取 2.2m。地下厂房管线一般都在通道中通过，对通道高度尺寸影响很大，通风管道占用面积有时可达数平方米。因此，通道设计应结合通道内管线综合布置工作进行，使之既符合有关技术要求，占用空间又最小。

c. 管线布置。管线可集中设于拱顶，或在地下设管沟，也可分散设于通道内空隙部位。当管线直径很大或数量很多时，可以分区集中布置在大型专用通道中。在设计中，要注意分区、位置、安装、安全技术等方面的要求。

2. 精密仪器类厂房

（1）生产特点和对地下厂房布置的要求

精密性生产产品的精密度和成品率与生产环境关系十分密切。例如①一般机械工业的精加工，产品尺寸形状误差均要求在几个至几十微米（μ_m）之内，这样室内温湿度波动只允许在极小范围内，否则金属产生热胀冷缩现象，则难以保证加工精度；②导弹操纵器上的微型滚珠轴承，安装时如进入 $0.5\mu_m$ 粒径的灰尘，则将使轴承失灵，使导弹发射后偏移轨道；③现在最新的芯片制作，也是精度非常高的工业类型，采用精密性生产厂房，精确度则可提高几倍至几十倍以上。地下建筑对创造精密性生产环境，如恒温、恒湿、洁净、防振、防电磁波及防射线等都十分有利，因此这种类型地下工业建筑在国内外得到了一定发展。

（2）设计要点

① 按生产环境要求不同分区布置。把那些对空气温湿度、清洁度、防微振、防电磁波、防射线以及防火、防噪声等要求相近的工段组合在一起，并根据其危害程度的不同，按一定顺序布置，这样既便于集中采取一定的技术手段达到以上目的，也利于充分利用建筑的隔离作用，创造稳定的生产环境。可以根据生产对室内温湿度、清洁度要求的不同分为一般机加工、精密性加工和超净车间，把对生产环境要求最高的超净车间设在最里面，而一般机加工靠近口部，中间是精密加工车间，这样有利于保证各部分生产环境的要求。

② 满足空调系统对厂房布置的要求。空调系统包括空气调节室、送回风系统和冷

冻机房、锅炉房等。建筑设计应与通风设计密切配合，合理确定空调系统的布局。送风距离目前多按 60~100m 考虑。为使气流组织通畅，减少管道阻力，应力求使送排风管道直线布置；不交叉、不迁回，并使气流从空调要求高的工段流向要求较低的地方。

精密性生产厂房断面设计与空调设计也紧密相关，因为送、排风管线设置与室内气流组织都影响到断面形式和尺寸。如果各种管线围绕房间布置，占用建筑空间很大，为此常在拱顶或侧墙增设技术通道或夹层，集中设置各种管线。

③ 组织人员和产品的净化。为满足室内生产清洁度要求，要设置空气净化系统，一般是设各种中效或高效率空气过滤器。净化过程要求完全消除气流组织的紊乱状态，因此多采用"层流式"气流组织。送入室内的清净空气在室内工作区整个截面上沿同一方向流过，这样可以避免一般空调因气流紊乱而引起清洁与污染空气互相干扰问题，使室内具有较强的自净能力。层流式气流组织由于气流行进方向不同而分为垂直式层流和水平式层流两种。

净化设施一般都紧靠洁净室布置。而洁净室多集中布置在人流货运都较少通过的地方，平面形状力求简单，空间体积尽量小，以避免一般房间对洁净室空气的影响，满足室内清洁度的要求。

在进行这些专用卫生间布置时，不但要考虑工人上班时的行走线路和净化过程，还要考虑下班时的返回线路，以及中间休息或工作时间去厕所时的清洁和方便。整个路线应通顺、短捷、互不干扰，并要结合考虑上、下水管道设施集中布置问题。原材料、工具等物料出入也要满足净化要求。

④ 做好室内色彩和照明设计。在地下厂房设计中，应努力创造一个卫生、明快、舒适的生产环境，以利于消除工人由于长时间在地下而产生的体力和视力上的疲劳感，保证生产高效率地进行。为达到此目的，在节约投资的前提下，应从建筑设计、设备布置、通风空调、噪声控制、室内色彩、照明等多方面考虑。

色彩对人们生理、心理都有一定影响，用得适当，有助于改善劳动条件、提高生产效率和减少生产事故。顶棚是厂房人工照明产生反射光的主要部分，应以白色为主，为防止眩目，可适当加些浅蓝或浅黄色。工人视野之内的墙面，应使墙面与机器之间有较好的可见度，保证精密生产正常进行。例如加工黄铜部件，则以青灰色墙面为背景较好。为增加墙面反射光，并不致引起眩目，也可用淡黄、黄绿、淡蓝色等。墙裙是人们最经常看到的地方，为了有助于工人视力的适当休息，应涂以墨绿、深灰等色。对于精密性生产，地面色调应与加工零件色彩有一定对比，以提高物体清晰度，使零件加工时更易于辨别。一般地面都用棕红色，以和绿色机器或白色加工品区分，容易看清。

3. 能源动力类厂房

能源动力类地下厂房种类很多，有火电站、水电站、核电站、压缩空气站、锅炉房等。平时和战时它们都居于重要地位，为生产核心部门。又由于生产上的一些特殊要求，如核电站的安全问题，水电站增加水头问题等，使地下建筑在动力类厂房中得到比较广泛的发展。地下火电站由于造价高、工期长，因此一般在战备需要的情况下才建造。

（1）火力发电站

① 生产工艺与建筑组成。火力发电站是以煤、油或天然气等为燃料而发电。火力发电生产工艺基本上由下面三部分组成。

a. 燃烧系统是重油从储油罐经输油系统，进入地下油加热器，通过油泵加压入锅炉喷燃嘴，供锅炉燃烧。

b. 汽水系统是经过化学处理的水在锅炉中加热蒸发为蒸汽，蒸汽推动汽轮机转子带动发电机发电，而后蒸汽压力下降转入凝汽器中冷却成水，再经除氧器除湿、加温后又回入锅炉再加热成蒸汽，如此循环不停。大型设备有锅炉、汽轮机、凝汽器、除氧器和整个汽水循环和冷却水处理系统。这些主要生产部分的特点是用水量大，排出大量余热和蒸汽，管线比较多，相互联系也比较紧密。

c. 电气系统是发电机发出电能，通过低压母线送至变压器升高电压，经高压开关装置和输电线路向外供电。这部分生产要求环境清洁和有良好通风，并采取一定防火、防爆、防雷措施。

② 厂房设计。

a. 主要车间的布置。火电站的平面布置，以锅炉、汽轮机、发电机、除氧设备为中心，首先应满足这几个大型主要控制室设备在布置上的工艺要求。由于生产用的水、蒸汽、油等全用管道运输，因此要求设备紧密相靠，以缩短管线，减少线路损失。但锅炉和汽轮机发电机设备对建筑层高、跨度大小要求并不一样，为满足工艺布置要求，又节约建筑面积，常采用三个设备纵向布置在同一洞室的方案，这样虽管线长度增加，但有利于缩小建筑面积，对不同设备采用不同的洞室跨度、高度。这是当前地下火电站的主要布置方式。当受地质等条件限制时，也可采用"工"字形布置。

b. 辅助生产车间和通道的布置。主变配电室内布置配电和变电设备，发电机发出的电能通过金属低压母线送至变电设备，提高电压然后分配输送出厂，它们与主厂房之间生产联系十分紧密，但由于变配电生产过程中放出大量余热，要求有良好通风，防火要求也比较高，因此一般与主厂房分隔开，布置在出线口附近。有些电站为简化通风设施，便于生产管理，将开关站设于地上。

火电站主厂房是一个复杂的混合层建筑，有多层操作平台。一些生产辅助用房就根据使用要求，分散布置在不同高程的楼层平台上，以充分利用建筑空间。

火电站通道很多，交通运输通道一般兼人员和管线出入通道。为行驶方便、安全，通道断面尺寸都比较大。进风道常与主要人员出入口结合，排风道与烟囱结合。电厂用水量大，要求设进、排水道，进水靠压力输送，排水一般为自流，对坡度有一定要求。高压线出线一般做成竖井，使到达地上距离最短。

c. 交通运输的组织。火电站与地上交通联系十分紧密，由于运输的设备大，如变压器、汽轮机等，要求用铁路或公路运输。如发电机车间通入火车并设有吊车，可直接将设备吊起就地安装。这样，在总体布置时，发电机层高程就应满足铁路进线要求。当用汽车运输时，也有同样要求。火电站耗油量很大，为保证生产安全，油库一般与厂房分开设置，用输油管输送。为保证输送中的安全，应专设输送燃料通道。地下电站工程量大，设计时要使永久性通道尽量和临时性施工排渣通道结合。例如，利用进风洞作拱顶施工导洞，运输洞作工程中层施工道，通风竖井兼作施工通风竖井等。因此，通道布置应比较均匀，并安排好出入口和排渣场。

d. 创造适当的生产环境。火电站生产中排出大量有害物，如余热、烟、灰等，属高温污染性车间，应积极消除其有害影响，改善生产环境。如锅炉间散热量很大，设备表面温度可达 50℃ 以上，工作区 40℃ 左右，而地下厂房围护结构散热量仅为地上厂房的十分之几，大量余热散发不出去，不但严重影响工人健康，还将导致绝缘材料变质引起事故，这也是地下火电站的主要问题之一。因此要组织好全厂通风，及时排除余热、烟、灰。一般采取适当分隔方式，如在锅炉间和汽轮发电机之间以间隔墙分隔，新鲜空气从发电机层口部和顶棚进入，经锅炉间烟囱排出；气流由低温区流向高温区，由清洁区流向污染区等。控制室等对生产环境有较高要求，应单独设空调系统。

火电站要燃烧大量油或天然气，氢冷发电机组有大量氢气，都是易燃易爆物质，加以电缆遍布，在高温或电弧作用下易发生火灾和爆炸。因此，火电站对防火要求比较严格，建筑设计要很好地考虑防火防爆问题。

（2）水力发电站

地下水力发电站包括利用江河水源的地下水力发电站和循环使用地下水的地下蓄能电站等。地下水电站有利于战时防护，并能充分利用地形、地势，尤其在山谷狭窄地带，为布置多台发电机组而常常必须采用地下水电站形式。同时从各国的实践看，当地质条件比较好时，采用地下电站是经济的，因为电站设于地下，可获得更大水头，有利于在水位最低时保证正常发电；压力引水管设于岩石中，可简化水管结构。因此，地下水电站在我国东北、西南地区建造较多。

① 生产工艺与建筑组成。水电站的任务是将水的位能变为电能。其生产过程是水库中的水经水管等设备流入水轮机中，使水轮机叶轮按一定速度旋转，通过主轴带动发电机转子，转子在定子中转动，变机械能为电能。水利枢纽包括一系列建筑物和构筑物，总的可分为水坝和电站两大部分。电站主要包括主厂房、副厂房和变配电间、开关站等。水电站主厂房为多层建筑，在发电机层以下有水轮机层，再下面是进水管、尾水管所在的蜗壳层。这部分基本由工艺确定，为一块状混凝土结构，操作人员少，建筑要求不高。发电机层有水轮发电机、励磁机和各种控制设备及变配电设备，这一层要求处理好通风、防火、洁净等问题。副厂房由一系列生产辅助房间和技术夹层组成，主要由控制室、载波机室、蓄电池室、电缆夹层等组成。

② 设计要点。地下水电站的厂址选择主要是根据水利枢纽布置要求确定的，但具体位置要考虑地形、地质、水工布置、机电运行和施工等要求，以获得最大的经济效益。

a. 主厂房的布置。主厂房平面主要根据水轮发电机等设备运行要求确定。厂房一般为"一"字形。跨度根据机组大小和操作检修要求确定。长度为各单机组长度之和再加上机组检修和安装对长度的要求。大型水电站铁路直接引入发电机层，并设有安装检修用重型吊车。

b. 副厂房的布置。水电站辅助生产房间及电缆夹层较多，故一般在主厂房一侧或一端集中设多层建筑作为副厂房。例如中央控制室主要服务于发电机层，故设于发电机层端头或一侧，有单独通风系统。备用蓄电池室主要供紧急情况下的事故照明，紧靠中央控制室，最好有单独的出入口和通风口，以防生产中排出酸雾等有害气体对设备和建筑的腐蚀。地下水电站要求有安全可靠的变配电间和出线竖井或出线通道。为了节约基建投资，便于使用管理，又由于山区一般具有较好的地形条件，因此，常常将这一部分生产放在地面上，或者变配电间在地下，开关站放在地上，即使小型水电站也多是这样处理，可简化水电站的通风设施和防火处理。

c. 通道布置。水电站的交通运输比火电站简单一些，主要是应合理解决水轮机等大型设备运入和安装、检修问题。除大型电站用火车外，一般用汽车运输。水电站由于埋深比较大，又有长达几千米至几十千米的进水道和尾水道，因此，各种隧道在工程中所占的比例相当大，在可能条件下应缩短其长度。这样将大大降低投资、缩短工期。

水电站内没有大的热源，生产条件比较好，通风主要是为了排湿和局部地段降温。水电站常与水坝结构层内的一些房间和廊道连通，使厂房空间扩大，在工作人员少的情况下，易于保证洞内人员对空气量的需要。

11.4 地下仓储

由于地下环境对于许多种物资的储存有很大的优越性，地下仓库的发展很快。当前在世界范围内，各种类型地下储库在地下工程建造总量中占有很大的比重。同时，各种新型地下仓储的研究和试验也成为地下建筑领域中的发展方向。

地下建筑所具有的良好的防护性能和地下环境在热稳定性、密闭性等方面的突出优点，为在地下建造军火库、物资库、粮库、冷库等提供了十分有利的条件，因此发展也比较快。

1. 地下粮库

（1）概况

地下粮库的主要任务就是尽可能长时间和尽可能多地储存粮食，保证战时粮食供应并兼顾平时的使用。战时的储存主要为原粮，存粮数量和粮库规模应在总体规划中确定。地下粮库有大型的战略储备库，长期储存，不周转，一般建于山区岩石中的有中、小型的周转库，建于城市地下如果是附建式工程，地面以上可以布置粮店或粮食管理机关。根据粮库的规模和经营性质，可以安排必要的粮食加工业务。

为了满足储粮的工艺要求，地上的粮库要做到常年低温、低湿和密闭是比较困难的，除非人工降温、降湿，这样做将大大提高储粮的成本，因此多采用经常倒垛、晾晒的方法降低粮食的含水率和消灭虫害，要付出相当大的人力物力。地下环境为储存粮食提供了非常有利的条件。地下粮库受太阳辐射热和地面气候变化的影响很小，常年可保持当地春、秋季的温度，又容易做到密闭，采取一定的防潮降湿措施后很适合粮食的储存。如果设计合理，保证施工质量，经营管理得当，地下粮库具有存粮多、存期长、节省人力、减少损耗、粮情稳定等特点，粮食的新鲜程度和营养价值都高于同储期的地上粮库存粮。虽然地下粮库的一次投资较高，但有关资料表明，考虑到运行费的节省，地下粮库从长远来看还是经济的。

（2）工艺要求和地下粮库的组成部分

粮食储存的基本要求，就是要保证在长时间储存的情况下使粮食保持一定的新鲜程度，同时能防止霉烂变质、发芽、虫害和鼠、雀害等的发生。成熟的粮食颗粒在储存过程中，内部不断进行着新陈代谢，称为呼吸作用。当空气中氧气充足时，粮食中的营养物质（脂肪、淀粉、蛋白质等）被氧化分解成水和二氧化碳，并放出热量，使粮食的质量降低，温度和湿度提高，促使粮食发芽、霉变，或发生虫害。在缺氧状态下，粮食仍能利用分子内的氧气进行呼吸，产生乙醇、二氧化碳和热，使粮食发酵或新鲜程度降低。因此，为了提高粮食储存质量，延长储存时间，就要创造条件和采取措施抑制粮食的呼吸作用，使之既不过强，也不能完全停止而丧失生命力。

影响粮食呼吸作用的主要因素是粮食所含的水分、温度和成熟程度，以及外界空气的流动程度等。粮食中的含水量超过一定限度时就会促使呼吸作用的增强，造成不良后果。例如当大麦的含水率为 $10\%\sim20\%$ 时，呼吸作用很微弱，若水分增加到 $14\%\sim15\%$，则呼吸将加强 $2\sim3$ 倍。同时，粮食颗粒对水的吸附作用很强，如空气中水分多，很容易被粮食吸附而提高其含水率，因此需要控制空气的温度。湿度对粮食的呼吸作用影响也较大，在 $0\sim50℃$ 的范围内，呼吸随温度增高而加强。而且，在温度与水分同时作用时互相影响，例如含水率 $14\%\sim15\%$ 的小麦，在 $15℃$ 时呼吸微弱，到 $25℃$ 时将增强 16 倍；相反，如含水率在 12% 以下，温度即使高至 $30℃$，呼吸作用仍无显著加强。此外，空气的流动也直接影响粮食的呼吸作用。通风好，则呼吸作用强，反之则弱。总之，为了抑制粮食的呼吸作用，除入库前应使粮食含水率达到合格要求外，库内的温度应在 $15℃$ 以下越低越好，相对湿度应低于 75%，除了降湿所必需的通风外，应使粮仓尽可能密闭。

粮库中的低温、低湿和缺氧条件对于防止虫害也是很需要的。粮食的害虫，如米象、麦蛾等，喜欢的温度都在 $28\sim30℃$，通常当温度高于 $25℃$，相对湿度大于 85% 时，虫害就开始严重，同时粮食颗粒上带入的微生物也加速繁殖，使粮食发霉。但一般害虫在 $8\sim15℃$ 时就不能活动，$4\sim8℃$ 时就已僵化，持续一段时间就会死亡。对于鼠、雀之类，除防止从地面进入外，保持地下粮库中干燥无水也是防鼠防雀的有效措施。

粮库的组成比较简单，主要部分为粮仓，其他有运输通道、运输设备和少量管理用房、风机房等。大型的粮库可能还有米、面加工车间，有的还附有少量的食油库或冷藏库。

(3) 设计要点

地下粮库的设计要充分发挥地下存粮的优越性，为在地下安全和长期地储存粮食创造有利的条件，包括合理进行平面布置，解决运输和防潮等几个主要问题，并做好单个粮仓的设计。

① 高储粮面积的比例和粮仓的储粮效率。地下粮库由于防潮要求高，常常在外墙或衬砌以内另做衬套墙，中间的空隙为了通风、排水和检修，宽度至少也需 $0.5m$，再加上运粮的通道，就使用于存粮前使用面积在整个建筑面积中所占比例较低。为了使地下粮库能更多地储存粮食，应当通过合理的平面布置尽量提高储粮面积所占的比例。

一般地下粮库储粮面积占整个建筑面积的 50% 左右，这个数字远低于一般的地上或地下建筑。虽然由于防潮、运输等要求不可能使这个比例提高很多，但至少可以看出，使运粮通道尽可能与防潮夹层相结合，加大单位长度通道所服务的粮仓面积，和尽可能将不必需的房间移出粮库之外等措施，对于提高储粮面积的比例是较为有效的。此外，当粮库规模较大时，运粮通道很长，通道的宽度对其面积的影响较大，因此，应当结合运输方式和运输工具，尽可能缩小运粮通道的宽度。此外，如果有条件将粮仓与通道垂直布置，利用其他粮仓的运粮通道，对于减少通道面积也是有利的。

关于提高单个粮仓的储粮效率，显然，散装粮仓的利用率是最高的，但是仓底和仓壁要承受较大的荷载，一次投资有所增加。对于袋装仓，在结构合理的前提下，单个仓的面积大一些，可减少墙壁所占的面积。长宽尺寸接近一些，可缩短粮垛四周人行道（一般宽 0.5m）的长度和所占面积。仓的高度可以高一些，也可以增加码垛的高度，这些措施都有助于提高储粮效率。

② 保证储粮工艺要求的温、湿度条件。地下粮库中的温度，如果不受地面上空气温度的影响，一般常年可保持在 15～20℃，在北方甚至更低，对于储粮是很有利的。只要在室外温度高的季节停止通风，尽可能保持粮库中稳定的低温，就可以满足储粮的温度要求。当然，如果有条件将库内温度进一步降低，例如利用冷库的冷冻设备或除湿用的降温设备，则储粮时间还可以延长，质量还可提高，但储粮成本就要增加。

保证储粮工艺要求的湿度，要比保持低温复杂得多。使粮库中湿度提高的因素主要有两个：一个是内部的水分，包括粮食本身含有的水分和渗漏到粮库中的水，以及结构构件中遗留的施工的水分；另一个来源是在进行通风时，由空气带进来的外界水分。对前一类水分，应当从建筑上采取措施加以隔绝或排除，已有的水分应加强通风使之排走。对于后一种水分，则应对进入的空气采取降温措施，或停止通风，使粮库与外界湿空气隔绝。由于机械通风和冷冻降温除湿的成本都较高，故在一般情况下应尽可能利用自然通风，并根据室外气候变化的情况，将通风和密闭交替使用，实践证明这是比较好的方法。

③ 组织好库内外粮食的运输。大量粮食储存在地下，入库、出仓和库内运输都比较繁重，包括库内外的水平和垂直运输以及仓内的码垛。库内水平运输一般多采用手推车、轨道小车、电瓶车或皮带运输机等。由于库内的运输通道不能很宽，因而水平运输的速度受到限制，可能与突然发生的大量或快速进粮或出粮要求产生矛盾。因此，在库外应有足够大的停车场、回车场和装卸站台，在口部以内应有一定的转运场地。对于岩石中的大型地下粮库，更应注意这一点。

库内外粮食的垂直运输目前有几种方式：一种是安装货运电梯，上下都可用，但投资较多，战时电源难以保障；另一种是向下用滑道运，靠自重下滑，向上则用皮带运输机。滑道的坡度为 45°左右，两端略缓；可用木板竹板做滑道，也可做成水磨石面的滑梯，往下运粮是很省力的。皮带运输机的角度在运散装粮时应不大于 18°，袋装时还要小一些，因此应根据提升高度为皮带机留有足够的长度。如果能利用地形，做到进库和出库都靠重力自流，当然就更理想了。

④ 单个粮仓设计。首先，应根据储粮总量计算出所需粮仓总面积。一般可存放袋装粮 1.5t/m²。然后，根据结构跨度和码垛方式、运输方式确定粮仓的宽度。袋装粮码成的垛称为桩，有实桩和通风桩两种。实桩的粮袋互相靠紧，适用于长期储存的干燥粮食，堆放高度可达 20m；通风桩还有工字、井字等形式，使粮袋间留有一定空隙以便通风，避免粮垛发热，高度一般为 8～12m。桩的宽度和长度可按排列的粮袋尺寸和数量确定。桩与桩之间要留出 0.5～0.6m 的空隙，桩与墙之间要 0.5～0.6m 的距离，以便人员通行。粮仓的长度一般不受限制，可按储存品种和密闭要求、管理要求等确定。

2. 地下冷库

（1）地下冷库概况

在低温条件下储存物品的仓库称为冷藏库，简称冷库，主要存放食品、药品、生物制品等。按照经营性质，食品冷库可分为生产性、分配性和零售性冷库；按照所要求的温度条件的不同，有高温库（0℃左右），主要用于蔬菜、水果等的保鲜和低温库（−2～−30℃），用于储存各种易腐食品，如肉类、鱼类、蛋类等；按冷库的规模，一般储量在 500t 以下的为小型库，500～300t 的为中型，300～1000t 和万吨以上的为大型冷库。

地下冷库有建在岩石中的，也有在土中的单建或附建式冷库。不论哪一种类型，地下环境都为冷库提供了十分有利的条件，因此地下冷库比在地上有很多优点，主要是：

① 温度稳定，节省运行费用。岩石或土壤的导热系数虽比一般建筑材料大，但其蓄热系数也很大，因而具有很好的热稳定性，只要有足够的厚度和深度，就基本上不受太阳辐射热和外界温度变化的影响。冷库开始降温后，冷量向四周传递，经过一段时间后，在冷库周围就形成了一个具有一定厚度的低温区，或称温度场。在温度场中，越接近冷库，温度越低。例如我国西南地区的一些岩石中冷库，每天开机 12～14h，库内温度可保持不变，个别的库只开机 10h，库温仍然保持在 −15℃。因此，地下冷库的运行费用就比地面库大大降低，据相关资料，可节省 25%～50% 以上。我国目前很多大型数据服务器和交换机，都设在贵州，也是看上贵州很多地下洞穴，是天然的地下冷库，很利于降温和散热。

② 可节省建筑材料，降低造价。在土中建造的冷库，在材料和投资上比地面库不一定节省，如有防护要求，可能投资还要多一些。但是，岩石中冷库如在地质条件较好时采用喷锚结构，钢材、木材节省较多，特别是保温材料，约可节约 80%，因而土建投资也相应减少。

③ 构造简单，维修容易。一般地面冷库的建筑构造相当复杂，要经常进行维修，特别是保温材料，很容易损坏而需要经常更换。地下冷库（特别是岩石中冷库）就可大大减少这方面的工作量和费用，也延长了冷库的使用年限。

④ 适应事故的能力强。地下冷库可以间歇运行的特点使之对于意外发生的事故有较好的适应能力，如停电、机械故障等。据国外资料，地下冷库停机后库温回升比地面冷库要慢，因而储存的食品不致因急剧升温而损坏。

地下冷库的缺点是需要一定的地形、地质条件，施工时间较长，投产后的预冷期也较长等。此外，岩石长期处于冻结状态或在冻溶作用下对其稳定性有何影响等问题，还需进一步的研究。

近十年来，一些主要发达国家为了节约能源，降低成本，逐渐向地下发展，如瑞典、挪威等国，都已建造了不少岩石中冷库，这种发展趋势预计今后还会加强。

（2）冷库的工艺和组成部分

储藏肉类的生产性冷库的工艺流程为：屠宰加工好的白条肉经检验、分级、称重送至冷却间，冷却至 0～−2℃ 后一部分放在冷却库房供经常性销售，大部分送冻结间，在 −20～−30℃ 的低温下急冻，然后称重，送至冻结库房长时间储存，需要发货时则经称重后出库。此外，有的大型冷库还包括屠宰加工。

地下冷库可分为地上和地下两部分。地上一般有屠宰加工间、冷冻机房、制冰间、水池、锅炉房、污水处理场、氨库、办公室、化验室、浴室、烘衣间、休息室等。还有运输设施，如铁路站台、汽车站台、车库等。地下部分包括冷却间和冷却储存库、冻结间和冻结储存库、前室等。在土中的工程还有楼梯间、电梯间等。其中，冷冻机房、制冰间等也有放在地下的。

（3）地下库区设计

① 平面布置。平面布置中要考虑的因素较多，除使用要求、地质条件、交通运输条件等地下建筑总体布置的一般性问题外，主要应使各个低温库房布置紧凑，并通过前室的布置解决好不同温度的各种房间的过渡问题。

低温库房是地下库的主体，主要的制冷量都消耗在这里，因此，应当从平面布置上使各库房互相靠近，尽可能减少水平方向上的传冷量。关于减少低温库房水平方向传冷量，可以归纳为以下几种情况，分别采取不同的措施：存放单一品种的低温库房，数量越少越好，单库容量越大越好；如果因为温度要求不同而需要多个库房时，则低温库越集中，越靠近越好；温度最低的库周围，最好在各方向都有低温库与之靠近；温度要求相近的低温库房，应使之在方向上相邻或靠近。

前室又分高温前室和低温前室。高温前室内温度一般为 0～5℃，无须供冷，由于低温库内外冷热空气急剧交换，使前室内凝结水严重，影响使用，故用于温度较高的冷却间和冷却储存库较合适。对于冻结间或冻结储存库，则使用低温前室较好，温度一般保持在 -10～-12℃ 即可。对于密集布置的低温库房，更需设置前室作为装卸和转运之用。为了满足装卸和运输要求，前室应根据库容大小保持足够的宽度，一般为 3～6m。

② 库内交通运输的组织。库内的交通运输应当短、顺、不交叉、不逆行。对于岩石中冷库，至少应当有两个出入口，一个进，一个出，两口之间布置直通的或半环形的通道。由于岩石中洞室布置的特点，往往使库内的通道较长，特别是当地形坡度较缓时，这个问题就更突出，使通道在整个地下库的建筑面积中占较大比重，因而是不经济的。为了解决这个问题，有的地下冷库设计采用适当加大通道断面尺寸，并在其中保持一定低温的方法，在生产旺季时，存放一部分冷冻食品，实际上相当于一个低温前室，在淡季时则把通道中温度提高到 0～4℃，不存食品，作为高温前室使用。

加大单库容量，减少单库数量，也可以减少通道所占的比重。此外，通道的长短不仅影响工程造价，而且直接影响到供冷的距离和管道的长度；供冷距离长，中途的冷损失就多，对于运行费也是有影响的。

土中的地下冷库，增加了垂直运输问题，只要适当安排电梯和楼梯是不难解决的。

③ 单个低温库设计。单个库房的设计，首先要根据所储存物品的特点及堆放方式、堆放高度，加上运输通道的宽度，确定库房的宽度和高度，再按储量要求确定库房长度。在确定库房尺寸时，还应考虑到库内各种冷冻设备和货架等所占的面积。

从提高库房有效利用率的角度看，单库面积大一些比较好，这与减小通道所占比重而加大单库容量是一致的。例如，一个 5m×5m×30m（宽×高×长）的库房，去掉 2m 宽的内部通道后，有效堆货面积的比例仅为 60%，而一个 8m×7m×30m 的库房，这个比例可提高到 75%。

综合我国目前的各方面条件，有的单位建议中型岩石中冷库单个库房的宽度为 6～

10m，高 6～7m。从国外案例看，单库容量都较大，宽度也较大，都是为了提高库房的有效利用率。

岩石中冷库的断面形式一般为直墙拱顶，过去多采用贴壁衬砌，现已较普遍地采用喷锚结构，使造价有所降低。由于岩石中冷库不需要做复杂的保温构造，因此围护结构占的面积小，库房的有效面积相对大一些，土中浅埋的地下冷库仍须提高围护结构的保温性能以降低冷耗，如果采用高效的保温材料，如各种泡沫塑料制品，则可以减小保温围护结构的厚度。

11.5 地下铁路

自 1863 年英国在首都伦敦建成世界上第一条 6.5km 长的地下铁路以来，地下铁路在百余年的发展史上，不论在数量上或技术上都有很大的发展。

我国的地铁发展也是非常迅速，中国第一条地铁诞生于 1969 年的北京，在此之后经过 50 年的发展，总里程已近万千米，其中，上海地铁以 17 条线路，705km 的运营里程，成为世界数量第一的地铁线路。

地下铁路是现代化的交通工具，具有运行准确安全、运送能力大、速度快、运输成本低、空气污染小等优点。由于地下铁路埋在地下可以单独构成一个线路网，不受地面交通的干扰和影响，同时地铁本身也是用立体交叉来处理线路的相交。地铁采用电动客车单向通行，且备有良好的通风、通信、自动闭塞信号等装置，故能保证安全高速行驶，一般车速为 70～90km/h，法国巴黎地铁最高车速达 100km/h 以上。

第二次世界大战期间，地下铁路在防护上发挥了十分有效的作用，从而引起各国对兴建地下铁路的重视。在平时作城市交通运输用，战时能起防护工程的作用，为地下铁路建设增加了新的内容。

今后，随着城市化建设的迅速发展，大城市规划中的交通问题是一个重要的课题，除地面要有一个四通八达的交通运输网外，还必须有高速度的地下铁路网络进行配合，以便综合解决城市交通问题。当然，修建地铁投资大，施工技术复杂，但从大城市远景发展和战备观点来看，修建地下铁路还是必要的。

1. 路网总体规划

地下铁路的建设是城市建设的组成部分，应在城市建设的统一规划之下，进行地铁线路网的总体规划。在线路网的规划中，要确定线路网的规模、走向、形式，决定车站的间距、类型、位置和线路埋置深度、施工方法，以及分期建设等问题。

（1）线路网的规划原则

地铁的线路要适合战备的需要，线路网的规划应考虑战前的紧急疏散和运输；战时的人员疏散掩蔽，及与其他人防干道的有机联系，为城市的积极防御创造条件。平时为城市交通服务，规划时要考虑城市的客运量及其分布特点。

线路网规划根据城市的总体规划，既要考虑到城市的近期发展，也要适当预计城市发展的远景，如市郊工业发展计划、新居民区的建立，使市内各区，市区与郊区各部分有机地联系起来。同时要考虑到线路与线路的衔接，以及线路的分期分段建设和扩建的可能性。

要考虑城市原有平面及竖向规划与现状的特点，如城市原有街道布局的特点、河流山丘、区域规划、交通枢纽、大型公共建筑的位置、市政设施等，同时还应与现有城市的改造结合起来。

地铁线路网应与国家铁路、城市地面交通网配合，形成一个地上、地下有机结合，方便而有效的交通运输网。同时线路网的布局要做到集中与分散相结合，以利客流迅速分散，线路负荷量均匀，减少换乘次数和方便乘客使用。此外。要进行经济核算，减少不必要的拆迁，降低成本。

（2）决定线路网规模的因素

城市发展规模与总人口规模决定了平时的客运量及战时的疏散量。一般来说，城市规模大、人口多，线路网就大，反之则线路网小。除此之外，每天使用公共交通的总人数，即每天的流动强度也是影响路网规模的重要因素，流动强度大则线路网规模大，线路应按客运量大的方向布置。

线路负荷强度是指每年每千米线路运送乘客人数，如伦敦地铁线路负荷强度为 184 万人次/（年·千米），巴黎为 630 万人次/（年·千米），两者相比，后者负荷强度高，相对而言比较经济；如线路网规模大，实际负荷强度低，则不经济，因此，线路网的规模应与线路负荷强度相适应。

就西安而言，线路平均负荷强度 1 号线为 447 万人次/（年·千米），2 号线 691 万人次/（年·千米），三号线 336 万人次/（年·千米），4 号线 211 万人次/（年·千米），均位于国内的前列，属于经济性较好的地铁规划。

（3）线路网的形式

根据国内外已建成或规划中的地铁线路网情况，有以下几种形式。

① 单线式。客流量集中在某一条或几条同方向的街道上，远期又无重大发展时采用。如意大利罗马地铁线路网，主要线路就集中在 1~2 条线上，因此，地铁规划也比较简单，如图 11-1 所示。

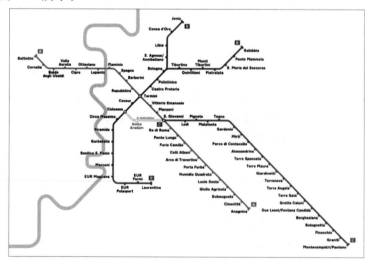

图 11-1　罗马地铁线路图

② 单环式。设置原则同单线式，但将线路闭合成环，以便于车辆运行，可以减少折返设备。苏格兰格拉斯哥地铁线就是典型的单环路网（图 11-2）。如环线周长较大，全线运行不经济，可采取局部区间运行，另设支线供列车折返使用。

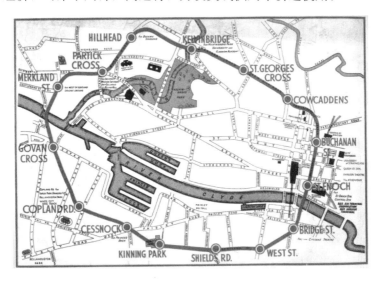

图 11-2　格拉斯哥地铁线路图

③ 多线式。又称辐射式或直径式。如城市有几条主要客流量大而方向各异的街道，可设置多线式线路网。这几条线路往往在市中心区集中交于一点或几点，通过换乘站从一条线换乘到另一条线。如美国波士顿地铁线路网（图 11-3），即多条线路交会于河谷地区。此种形式的路网虽便于各条线路拓建，但容易造成客流集中，不利于交通流较大的城市。

图 11-3　波士顿地铁线路图

④ 蛛网式。由多条辐射线和环形线组成。此种形式运输能力大，可减少乘客的换乘次数，节省时间，避免客流集中堵塞，能减轻市中心区换乘的负荷。在分期修建中应先修建直径线，然后逐步成网。大多数大城市均采用这种形式的地铁线路，以莫斯科地铁为典型代表（图 11-4）。

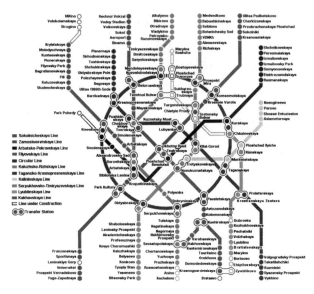

图 11-4　莫斯科地铁线路图

⑤ 棋盘式。由数条横向和竖向线路组成，一般多由城市道路系统是棋盘式而形成。此种形式可使客流量分散，但乘客换乘次数多，增加了车站设备的复杂性。像美国纽约地铁线路就是此类典型代表（图 11-5）。

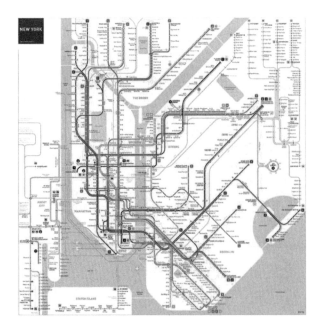

图 11-5　纽约地铁线路图

（4）线路网规划

① 定线前的准备工作。

a. 搜集线路网沿线的地形图，范围在线路两侧 $100\sim150m$ 之内。

b. 掌握城市规划道路坐标、规划红线位置和红线宽度，掌握路面立交资料及河床资料等。

c. 掌握线路沿线高大建筑物的基础资料（包括地质及基础沉陷情况）。

d. 了解地下市政管网资料（电力、电信、给水、排水、燃气、供热、军用等管线的位置、管径、标高等），这项资料对浅埋地铁线路影响很大。

e. 注意重要文物、古树等特殊资料。

f. 提出车站、区间、风道、出入口通道和防护门的轮廓尺寸。

g. 提出应当采用的施工方法。

② 明确线路的影响因素。

a. 定线与线路要求的防护等级有关，也影响线路的埋置深度和对地面道路及两旁建筑的处理问题。

b. 线路的确定要考虑两旁临近高层建筑物的距离。当线路为明挖施工时，应考虑是否会有损高层建筑物的基础。

c. 客流密度，即单位时间内通过某区段的客流量，是选定线路地段及起始点的根据。

d. 地下管网、文物、古墓等与定线有密切的关系，特别是在采用浅埋明挖施工时，常常出现矛盾。定线时要局部服从整体，全面安排，统一考虑。

③ 确定地铁车站位置的原则。在交通量大的地方，如车站广场、商业中心、文娱体育场所、公园、大型公共建筑所在地、集会广场、干线交叉处、地铁线路交叉处、城郊交通线路交叉处等，均应根据城市规划设置车站，在已建及将要建立的工业区、居民区等区域中心、人流集散点，也应设立车站。

根据战备需要，在某些有战略意义的地方，也需设立车站。

根据设备负荷、运营管理等技术经济要求，确定合理的站距。站距一般在市区为一千米左右，郊区为两千米左右。目前国外皆趋向于加大站距，以提高列车的平均运行速度，发挥地铁的特点，减少投资、运营费用和电力消耗等。

出入口及风亭位置的选择，也会影响车站位置的确定。出入口、风亭如进入建筑红线，对隐蔽有利，也可使市容整齐，但会引起出入口通道过长，乘客出入不便，且出入口必须加固以防战时房屋倒塌而堵塞，同时与地下管网的相互干扰也大。

车站位置与可能的埋置深度和要采用的施工方法有关，国内外实践中也多次出现有因地段狭窄、无法施工而改变车站位置的情况。

④ 地铁线路的埋置深度。地铁线路的埋置深度分为浅埋及深埋两种：浅埋线路多采用明挖法施工；深埋线路一般需用暗挖法施工。两种埋置方法各有优缺点。

浅埋线路一般用明挖法施工，使线路布置受到局限，必须沿道路或拆迁少的地段布置，有时会造成线路布置上的不合理。深埋线路用暗挖法施工，受地面建筑及地下管网等条件的限制小，可按照预定的设计意图和要求合理布置线路。

浅埋线路车站部分要求的空间比区间隧道高，结构断面大，为了保证车站必需的防护要求和避免地下管网干扰，只有降低车站底面标高，这样就形成在车站部分的底面标高比隧道低，造成铁路运行的不合理。比如，列车进站本应减速，但此时列车正走在下坡路上，不利于减速，造成列车制动刹车的困难和电力消耗。列车出站应逐渐加速，但因线路为上坡路，则不利加速，也增加了电力消耗。深埋时可避免这种情况。

浅埋线路比深埋线路防护能力低，但其车站人行通道短，平时可方便乘客，并节省步行和垂直交通所用的时间，战时便于人员的疏散和掩蔽。

浅埋线路结构形式简单，整体性好，可做外包式防水层，防水性能好，施工技术简单，工程进展快，但明挖施工时，对地面正常交通有影响。深埋线路施工技术复杂，机械化程度要求高，工程进展慢，但土方量小，施工期间对地面交通干扰小。

浅埋线路在通风、给排水、安装垂直提升设备等方面，都较深埋线路简单，规模也小，所需投资较少，但线路呆板，房屋拆迁和管网搬迁量很大，综合起来并不一定经济。深埋线路虽设备投资大，但结构用量小，对地面交通几乎无影响，又不需拆迁费用。总之，两者的经济效果，要根据具体工程情况综合分析、合理选择。

2. 车站建筑设计

地下铁路车站是乘客上下车的地方，也是管理车站各种设施和控制行车的地方。在整个地铁系统中，车站是最复杂的部分，在投资上也占很大的比重（一般车站的造价约相当于同长度隧道的 5～10 倍）。同时车站在使用和观感上对乘客有直接影响，因此在选择位置和确定规模时要精心考虑。设计时必须考虑到近期要求和远景发展的可能性，为地铁设备的进一步现代化创造必要的条件。

（1）车站的类型

车站根据运营的性质不同，可以分为中间站、换乘站、区间站和终点站四种。

① 中间站是最常见的一种车站，可以供乘客上下车使用。整个线路的最大通行能力就决定了中间站的通行能力。当列车间隔为 150s 时，每小时通过 24 对列车，如列车间隔为 60s，则每小时通过 60 对列车。规划中要考虑给中间站预留出发展成为换乘站的可能性。

② 换乘站则是位于不同线路交叉点的车站。除可以供乘客中途上下车外，还可通过换乘系统如楼梯、扶梯、地道、坡道换乘到另一条线路上去。由于车站位置的不同，有立交、平行和地道换乘三种形式。

③ 区间站具有中间站的作用。但为了能将运行最繁忙的线路段和运行较少的线路段划分开来，在区间站增加折返车辆的设备，使高峰区段能增加行车密度。

④ 终点站设在线路的两端，设有线路折返设备，可使列车全部折返，即为列车停留作临时检修之用。在终点站上能否以相当速度改变列车运行方向，是决定线路最大通行能力的关键。国外广泛应用环形线路折返设备。其优点是能保持最大通过能力，节省设备费用及运营成本。缺点是车轮及钢轨单侧磨损大，没有停放检修列车的线路，开挖量也大。我国多采用尽端式线路折返设备，其优点是可设停放及检修用的线路，必要时线路可延长。缺点是车站需加宽，设备要增多。

（2）车站的技术要求

① 地铁的正线为双线路，右侧运行，轨距为 1435mm，与地面铁路轨距一致。

② 根据客流的资料，确定线路的通过能力和列车编组、节数；车站及隧道的设备，

近期可按较小能力设计但要保证扩大的可能。

③ 当地铁设备的自动化程度不高时，地铁车站的站台部分最好设在直线段上，以保证司机无阻碍地及时看到信号控制系统。

④ 最小曲线半径在我国为 300m，在困难情况可减为 250m（小于 300m 时要加护轮轨），快车线最小曲线半径为 600m。

⑤ 道岔一般设在车站的端部。

⑥ 线路最大允许坡度为 3‰，一般不大于 2.5‰，最小坡度为 0.2‰，其坡度主要取决于排水条件，车站站台可设为 0.3‰ 或 0.2‰。

⑦ 当列车通过曲线段时，因线路弯曲要产生车体偏移，若曲线半径小于 200m 时，曲线部分的轨距就应加宽 2cm。如车站部分进入曲线段，则站台部分应尽可能设在直线段内，两端的设备部分可进入曲线段，但挑出的走道必须向内缩，以保证限界。

（3）车站的建筑组成和布置要求

① 建筑组成。一个完整的地铁车站，一般由乘客使用部分、运营管理部分、技术用房部分和生活辅助部分组成。

a. 乘客使用部分包括出入口地面站厅、楼梯、自动扶梯、电梯、坡道及通道，和地下中间站厅、售票处及检票口、集散厅及站台、厕所等。

b. 运营管理部分包括行车主、副值班室，站长、会计及其他工作人员办公室，会议室，广播室，继电器室，信号值班室，通信引入线室，工务工区等。

c. 技术用房部分包括电器用房（牵引变电站、降压变电站）、通风用房（平时通风、战时通风、风道、风亭）、给水排水用房、自动扶梯机房等。

d. 生活辅助部分包括客运服务人员休息室、清洁工具贮藏室等。

设计车站时首先要对各组成部分和各类用房的使用要求进行功能分析。

② 布置要求。

a. 乘客使用部分。

首先，出入口地面站厅一般为三种形式：开敞式、独立式和附建式。

开敞式出入口目前是地铁常用的一种出入口形式，设在路边人行道上或绿地里，为了遮阳挡雨，有的上面建雨篷或小亭。

独立式出入口类似于车站，将出入口和售票、检票等组合成一个单独的建筑物，设在建筑红线以内，也可将风亭和某些管理、技术用房及为乘客服务的设施放在地面上，与出入口组成一个较大的站厅。设计时应将乘客使用部分与内部工作房间严格分开，使乘客能迅速地通过购票、检票到达站台。入口与出口最好分开，以提高人员疏散效率。售票处及检票口要设在入口一方。

附建式出入口地面站厅将出入口地面站厅附设在其他建筑物内，设有单独的对外大门。在火车站、汽车站、百货商店和剧场等公共建筑物的门厅或地下室中，可设内门与地铁出入口直接连通，这样有利于出入口的隐蔽，市容也整齐。

其次是交通部分。由地面出入口站厅到地下站厅，由地下站厅到站台，以及换乘站台之间，都需用楼梯、自动扶梯或电梯联系。

楼梯是广泛采用的一种形式，一般在地铁埋深 6~10m 时用楼梯较合适。楼梯坡度小于等于 30°最佳，宽度应以乘客流量多少进行计算，宽度超过 3m 时要设中间扶手。

我国地铁车站人行通道一般单向时按断面 5000 人/时、双向按 4000 人/时来考虑。楼梯上行为 3500 人/时，下行为 4500 人/时。

电梯不太适应运送大量连续人流的需要，但是对于一些特殊人群和需要帮助的人群，还是非常有用的。我国有些城市的深埋地铁车站，利用施工时挖的竖井，安装升降电梯，是一个简便的做法。

自动扶梯设在有大量连续人流的公共建筑物中，是最便利、最迅速的垂直运输工具，其优点是消除乘客上下楼的疲劳，可以形成连续不断的运输线，运送效率高。缺点是造价高，要修建斜隧道及拉室、机房等。为了达到合理使用，在进站乘客集中时，多开下行扶梯，出站乘客集中时，多开上行扶梯，故部分检票口应做成可逆型检票口。

当垂直距离不大时，可用坡道代替楼梯，因为大量拥挤的人流通过时，坡道较楼梯便利且安全。坡道的坡度以 10%～12% 为宜，但不要用光滑的材料做地面，以免乘客滑倒。

第三是地下中间站厅。为了把各地面站厅的乘客方便地引向地下集散厅及站厅，在站台的上部设置地下中间站厅，作为分配人流、售票、检票、休息、候车之用。有些管理和技术用房也可结合在一起布置。这种站厅一般设在站台的中部或两端。岛式车站的乘客必须通过中间站厅才能到达站台。在侧式车站，中间站厅可作站台间的联系天桥。中间站厅高度一般在 3m 左右，最低 2.5m。若车站净空较高时，可将中间站厅设在夹层中，使站台部分视线更为开阔。

在乘客人流较多的车站，可做成楼廊式中间站厅，用楼廊与中间的天桥连接起来，这样可迅速分散人流。有些地铁车站的地面站厅或地下中间站厅面积很大，可称广厅。广厅中布置宽阔的进出路线和售票、检票设施，还可设置多部自动扶梯下到站台。香港地铁车站地面厅，站厅两端分设指示牌，以引导乘客经自动售票机、自动检票口和下降自动扶梯到达站台。出站路线和进站路线是严格分开的，路线之间以栏杆相隔，中间检票口设计成可逆性的，其间隔栏杆也可移动。广厅还与地下人行道相通，以使乘客从地下人行道进入地铁车站。当兼作人行过街道的地铁出入口时，地下中间站厅的设计要注意售票和检票的位置安排，使过街行人无须经过检票口。

第四为售票处及检票口。目前各国地铁车站中的售票有人工售票、检票，自动售票机、检票机和混合设置三种方式。售票处及检票口可设在地面或地下。深埋地铁车站因地下空间有限，一般将售票处设在地面站厅，乘客购票、检票后即可乘自动扶梯直达站台。在浅埋地铁车站中，售票和检票口布置要根据出入口是否兼作城市过街人行道而定。但不管在地面或地下，人工或自动售票处及检票口均应在最明显的位置。在售票处旁边，还应有便利乘客的设施，如地铁线路图、时刻表、换乘站名、指示图等。若设有自动售票机，则应同时有自动换硬币机。

当下随着电子支付的兴起，售票厅还应设置相应的能够进行电子支付的设施，如二维码支付、面部识别支付等。

第五是站台。车站建筑的核心部分是站台。站台的形式、尺度在很大程度上决定车站的设计。站台一般有岛式、侧式和混合式三种。

岛式站台是设在上下行车线路之间，可供两条线路同时使用的站台，站台两端有楼梯或地道可通到中间站厅，再由此通向地面。当线路进站时，浅埋地铁隧道必须形成喇叭口，而深埋地铁因用盾构法开挖，故无须设喇叭口。柏林地铁有一种弧形岛式站台，进站及换乘设备可设在中心较宽部分，两端客流少的地段站台最窄，使站台宽度随人流密度而变化，缩短了喇叭口的长度，有效地利用了空间；但缺点是结构不规范化，设计与施工复杂，同时站台边沿列柱遮挡司机的视线，容易发生事故。如在站台中间设单排列柱，则弧形岛式站台是完全可取的。当前各国都采用行车自动控制，或用电视来监视站台情况，遮挡司机视线的问题便可得到解决。

侧式站台悬设在上下行车线路的两侧，在深埋的情况下则需修建渡线室。绝大多数侧式站台是两台相对布置。但在日本，由于建造车站的地段过分狭窄而采用错开布置的方法，或用上下层重叠布置两个侧式站台。

混合式站台是将岛式与侧式相混合的站台形式。西班牙马德里地铁采用这种形式，我国有些车站也用此形式。其优点是同时在两侧上下车，缩短停站时间，可增加车次，也有因车辆调度中途折返的要求，根据需要可设一岛一侧或一岛两侧等。

站台的长度取决于列车的编组，如电动客车每节长 19.4m，站台长应根据每列车厢数乘以车辆长度，加上因列车停车位置所允许的误差（国内有的地铁为 3m，也有的地铁为 4m）。例如，当列车为 6 节，误差为 3m 时，站台长度为 $19.4 \times 6 + 3 \approx 119$（取 120）m；3 节车厢误差为 4m 时，站台长度为 $19.4 \times 3 + 4 \approx 62$（取 64）m。确定站台长度时，应考虑到远景发展，即随客流增加而增加车辆的可能性。

站台的宽度取决于同时上下车和候车的乘客人数，与站台的形式有关。国内岛式站台宽度规定为 9m、11m 和 13m 三种。侧式站台宽度规定为 4m、5.4m 和 6.4m。苏联时期岛式站台宽度为 8～10m，侧式站台宽度为 4～6m。日本三跨岛式站台宽度为 8～12m，侧式站台宽度为 4～6m。德国汉堡两跨岛式站台宽度为 7～10m，瑞典斯德哥尔摩两跨侧式站台宽度为 3～5m。以上介绍的站台宽度仅供参考。

站台的高度是指隧道箱体底板面到站台地面的高度，一般为 1.5m。这要根据道床的高度与车辆的地板面到轨顶面的高度来决定。地铁客车车厢地板面到轨顶高 1020mm，整体道床高度为 500mm。车厢离站台边缘缝隙应小于 120mm，以免乘客的脚掉入缝隙，造成事故。

最后一个是厕所。车站厕所分职工厕所及乘客厕所，我国地铁为了战备需要，还设战备厕所，其布置可结合具体设计而定。平时为了充分利用战备厕所的面积，可将其作为办公、休息或贮藏等用。

b. 运营管理部分。地铁全线设有行车调度中心，按运行图集中指挥，通过调度电话联系，各车站由值班员根据调度命令接发车，主、副值班室的位置要求设在发车端，主值班室在下行线一侧，副值班室在上行线一侧，有道岔的车站值班室应设在道岔咽喉处。主值班室设有控制台，有电缆与继电器室联系，并用分线柜间隔，在地面下做 30cm 深的电缆槽。主值班室要求安静、隔声，面积为 15～30m²。地面可为水磨石地面或绝缘地面。副值班室设有控制室，有电话与主值班室连接，面积 15m²。

信号设备是地铁运输中采用的自动控制与远程控制装置，作用是正确、安全地组织列车运行。室内设信号设备、继电器架等，面积在 30m² 左右。继电器室一端与主值班室相连，一端与通信引入线室相连，如用二层时，可以上下相连。

通信电缆由通信引入线室引入车站，面积为 15m² 左右。

为检修信号设备人员的工作室，有时与材料库合在一起，面积为 15m² 左右。

会议室、站长室最好距主值班室近一些，便于工作联系，面积每间 15m² 左右。

平时为车站宣传广播用，战时为指挥传达命令用，面积 15～20m²。室内墙面、地面、顶棚、门窗甚至门锁均应做隔声处理。噪声强度要求低于 40dB，混响时间小于 0.4s。地面最好用木地板，电缆槽上也用木盖板。

存放线路检修工具和材料用，不一定每个车站均设，可以每 5～6km 设一间。也可以设在地面建筑里。

c. 技术用房部分。地铁列车依靠电力牵引行驶。电力牵引最经济方便，并能保持隧道空气清洁。地铁其他技术设备如风机、水泵、通信、信号设备、战时用防护门防护密闭门以及车站照明等，都需要电力供应。地铁用电一般可分为牵引用电和动力照明用电两种。前者供地铁列车用，后者供其他技术设备及照明用。地铁变电站有牵引变电站及降压变电站两种，或两者合在一起的混合变电站。

地铁通风是为了排除隧道内由人和设备散发出来的热量与污浊气体，包括水蒸气、二氧化碳及灰尘等。列车的运行和制动，一些技术设备的运转，人们在隧道、车站中的活动和停留，都要散发出热量，其中一部分被隧道周围的地层所吸收，剩余热量和污浊气体需靠通风设备排除。

地铁通风一般分为平时通风系统（简称普风）、战时通风系统（简称特风）和局部通风系统三部分。

在地铁中设置给水系统是为了满足冷却设备、生活饮用和消防的需要。排水系统则为排除各种污水，保持车站和隧道的干燥。

d. 生活辅助部分。生活辅助部分包括工作人员休息室、茶水室、储藏室等辅助房间。

11.6 地下商业街

1. 概述

城市地下商业街是城市建设发展到一定阶段的产物，也是在城市发展过程中所产生的一系列固有矛盾下解决城市可持续发展的一条有效途径。城市地下商业街建设的经验告诉人们，城市空间容量饱和后向地下开发获取空间资源，可解决城市用地紧张所带来的一系列矛盾。同时，地下商业街也承担了城市所赋予的多种功能，是城市的重要组成部分。伴随着地下商业街建设规模的不断扩大，将地下商业街同各种地下设施综合考虑，如地铁、市政管线廊道、高速路、停车场、娱乐及休闲广场等与地下商业街相结合，形成具有城市功能的地下大型综合体，它是地下城的雏形。由地下交通设施连接而成的若干地下综合体，即是地下城市的初级阶段。

（1）地下商业街的含义

地下商业街的出现是因为与地面商业街相似而得名。它的发展是由最初的地下室改为地下商店或由某种原因单独建造地下商店而出现的。由于地下室或地下商店规模很小、功能单一，没有交通功能，因而也就不能称其为地下商业街。

日本建设省认为地下商业街是供公共使用的地下步行通道和沿这一步行通道设置的商店、事务所及其他设施所形成的一体化地下设施，一般建在公共道路或站前广场之下。我国学者认为地下商业街是修建在大城市繁华的商业街下或客流集散量较大的车站广场下，由许多商店、人行通道和广场等组成的综合性地下建筑。

上述定义中，表述了地下商业街应包含这样一些内容。首先，必须有步行道或车行道；其次，要有多种供人们使用的设施；最后，要具有四通八达或改变交通流向的功能。不同之处是有的定义包含了建筑物的地下室部分。

开发地下商业街的主要目的是把地面街设在地下，解决繁华地段的交通拥挤和建筑空间不足的问题。从历史演变过程看功能变化，其涵义也在改变，地下商业街功能的增加演变为城市地下综合体。

在这里定义的城市地下商业街是建设在城市地表以下的，能为人们提供交通公共活动、生活和工作的场所，并相应具备配套一体化综合设施的地下空间建筑。

随着城市地下空间建设规模的发展，把各种类型地下商业街与其他各种地下设施进行组合并连接起来，将发展为"地下城"。

（2）设计原则

① 应建在城市人流集散和购物中心地带。地下商业街具有交通、购物或文化娱乐、人流集散等功能，所以它必须设在人流大、交通拥挤地带，也就是所谓繁华地带的地下，这样才可以起到使人流进入地下，解决交通拥挤的问题，同时又能满足人们购物或文化娱乐的要求。地下商业街的开发与地面功能的关系应以协调对应、互补为原则。

② 要同其他地下设施联系，形成地下城。地下商业街一旦同地面建筑物、地面及地下广场、地下铁路车站、地下车库等其他地下设施联系，就会形成多功能、多层次空间的有机组合，形成地下综合体。综合体是地面城市的竖向延伸，是地下城规划的一个重要组成部分。

③ 应同城市总体规划相结合。目前的地下商业街大多是在旧城区改造或在原有地下人防工程的基础上建设的，是因地面拥挤而开发建设的。因此，地下商业街建设要研究地面建筑物性质规模、用途，以及是否有拆除、扩建或新建的可能，同时也要考虑道路及市政设施的中远期规划。地下商业街建设应结合地面建筑的改造、地下市政设施及立交或交叉路的道路交通及人、车流量等因素进行。

④ 应考虑文物与历史遗迹。古建筑或古物、古树等是历史遗留下来的宝贵财富，应按国家或当地文物保护部门的规定执行。地下商业街建设是保护城市历史及环境的好方法，因为城市是一部历史书，它应保护有价值的建筑及街道。有价值的街道不能用明挖法建造地下商业街。

⑤ 要考虑发展成地下综合体的可能性。由地下商业街建设的经验得知，经过认真思考和研究，地下商业街的扩建是必然的，如果规划不合理会使地下商业街变得十分不规整，内部通道系统布置也非常复杂，容易造成灾害隐患，给地下设施管理造成混乱。

2. 建筑设计

（1）地下商业街功能分析

从规模上划分地下街的功能组成有很大差别，小型地下街功能较单一，仅有步行道和商场及辅助管理用房，而大型地下街则包含公路及停车设施、相应防灾及附属用房。超大型地下街是一个人流、车流、购物、存车的综合系统，且人流可由地下公交、地铁换乘，这种地下街就是目前所称的地下综合体。

（2）地下商业街的组成

地下商业街规划研究涉及的专业面很广，如道路交通、城市规划、建筑设备、防灾防护等，而地下商业街某一组成部分情况也有差异，一般中小型地下商业街主要由步行道、出入口、商场及附属设施组成。从日本地下商业街建设经验可以看出，地下商业街建筑面积均在 $50000\mathrm{m}^2$ 以上，步行道、商业、停车场、机房等均占据相应的比例。如日本的建设标准规定：地下商业街内商店面积一般不应大于共同步行道面积，同时商业与步行道面积之和应大致等于停车场面积，也可以说，停车场在地下商业街中占据接近 $1/2$ 的面积，而商业和步行道各占据 $1/4$ 的面积。我国目前基本没有统一标准，各地在设计时基本是参考国外经验再结合本地情况执行（图 11-6）。

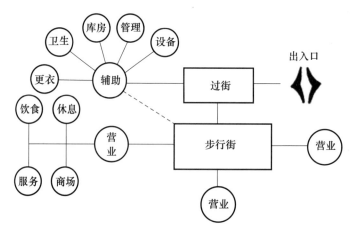

图 11-6　地下商业街组成示意

（3）建筑空间组合原则

① 建筑功能紧凑、分区明确。在进行空间组合时，要根据建筑性质、使用功能、规模、环境等不同特点、不同要求进行分析，使其满足功能合理的要求。此时可借助功能关系图进行设计和分析。功能关系图中主要考虑人员流线的关系，通常有"十"字形地下步行过街及普通非交叉口过街。地下商业街很重要的是人流通行，所以人流通行是地下商业街主要的功能。在步行街仓储可设置店铺等营业性用房。在靠近过街通道附近设水、电、管理用房。库房则可根据距离设置。

② 结构经济合理。地下商业街结构方案同地面建筑略有差别，结构方案首先要考虑地下建筑的特殊性，在结构计算中要加强对于梁、板、柱、墙体等内容的计算，最好做成现浇顶板，墙体、柱承重也应以上限为准。地下商业街的结构主要有三种类型：

一是直墙拱顶，即墙体为砖或块石砌筑，拱顶为钢筋混凝土。拱形有半圆形、圆弧形、抛物线形多种形式。此种形式适合单层地下街。

二是矩形框架，此种方式采用较多。由于弯矩大，一般采用钢筋混凝土结构，其特点是跨度大，可做成多跨多层形式，中间可用梁柱代替，方便使用，节约材料。

三是梁板式结构，此种结构顶、底板为现浇钢筋混凝土结构，围墙为砖石砌筑。

具体采用何种结构类型应根据土质及地下水位状况、建筑功能及层数、埋深、施工方案来确定。

（4）平面组合方式

地下商业街平面组合方式有以下几种。

① 步道式组合。步道式组合即通过步行道并在其两侧组织房间，常采用三连跨式，中间跨为步行道，两边跨为组合房间。主要特点有：保证步行人流畅通，且与其他人流交叉少，方便使用；方向单一，不易迷路；购物集中，与通行人流不干扰。此种方式组合适合设在不太宽的街道下面。

② 厅式组合。厅式组合即没有特别明确的步行道，其特点是组合灵活，可以通过内部划分出人流空间。内部空间组织很重要，如果内部空间较大，很容易迷失方向，类似超级商场。应注意的是人流交通组织，避免交叉干扰，在应急状态下做到疏散安全。厅式组合单元常通过出入口及过街通道划分，如超过防火区间则以防火区间划分单元。

③ 混合式组合。混合式组合即把厅式与步道式组合为一体。混合式组合是地下街组合的普遍方式。其主要特点是：可以结合地面街道与广场布置；规模大，能有效解决繁华地段的人流、车流拥挤问题，地下空间利用充分；彻底解决人流、车流立交问题；功能多且复杂，大多同地铁站、地下停车设施相联系，竖向设计可考虑不同功能。

（5）竖向组合设计

地下街的竖向组合比平面组合功能复杂，这是由于地下街为解决人流、车流混杂，市政设施缺乏的矛盾而出现的。随着城市的发展，要考虑地下街扩建的可能性，必要时应作预留（如共同沟）。对于不同规模的地下街，其组合内容也有差别，其内容如下。

① 单一功能的竖向组合。单一功能指地下街无论几层均为同一功能，比如，上下两层均可为地下商业街（哈尔滨秋林地下商业街）。

② 两种功能的竖向组合。主要为步行商业街同车库的组合或步行商业街同其他性质功能（如地铁站）的组合。

③ 多种功能的竖向组合。主要为步行街、地下高速路、地铁线路与车站、停车库及路面高架桥等共同组合在一起，通常机动车及地铁设在最底层，并设公共设施廊道，以解决水、电的敷设问题。

（6）平面柱网和剖面

地下商业街平面柱网主要由使用功能确定，如仅为商业功能，柱网选择自由度较大，如同一建筑内上下层布置不同使用功能，则柱网布置灵活性差，要满足对柱网要求高的使用条件。

在设计地下商业街时，通常首先考虑停车柱网，因为正常前后停车时最小柱距5.5m可停2台，7.8m可停3台。地下街柱网实际大多设计为（6+7+6）m×6m（停2台）和（6+7+6）m×8m（停3台），这两种柱网不但满足了停车要求，对步行道及商店也是比较合适的。在设计没有停车场的地下商业街时通常采用7m×7m方形柱网。

地下街剖面设计层数不多，大多为2层，极少数为3层。层数越多，层高越高，则造价越高。因为层数及层高影响埋深，埋深大，则施工开挖土方量大，结构工程量和造价也相应增加。一般为了降低造价，通常条件允许建成浅埋式结构，减少覆土层厚度及整个地下街的埋置深度。日本地下商业街净高一般为2.6m左右，通道和商店净高有差别，目的是保证有良好的购物环境。地下街吊顶上部常用于走管线，便于检修。

12 城市地下空间规划管理

12.1 城市地下空间规划管理概论

1. 城市地下空间规划管理的定义

城市地下空间规划作为城市规划的重要组成部分，其意义不言而喻，已经被人们所认识。实施城市地下空间规划管理是非常重要而且必要的。城市地下空间规划从编制、批准到实施是一个完整的过程，实施城市地下空间规划也同样是地下空间规划管理的基本任务。

从管理学的角度来看，自从人类从事集体生产活动就有了管理工作。随着生产力的发展和科学技术的进步，管理工作日趋复杂、日渐重要。管理实质上就是为了实现管理目标而进行的一种控制。现代管理的基本目标是建立一个充满创造活力的自适应系统。以便在不断急剧变化的现代社会中得以持续、高效、低耗地运行。城市政府为实现城市发展战略目标，必须对城市的各项活动进行有效的引导、控制，最大限度地发挥城市的综合功能。

城市地下空间规划管理是城市管理的重要组成部分。城市地下空间规划管理包括设计管理、实施管理和行业管理等内容。城市地下空间规划管理是城市政府的一项职能活动。它是为了实施城市地下空间规划，通过法制的、经济的、行政的、社会的管理手段和科学的管理方法，对城市各项地下建设用地和地下建设活动进行控制、引导和监督，使之纳入有序的轨道。

2. 城市地下空间规划管理的意义

（1）城市地下空间规划管理是城市地下空间规划的具体化

城市地下空间规划作为一个实践的过程，它包括编制、批准和实施三个环节。以实施城市地下空间规划为基本任务的规划管理工作，在宏观和微观两个层面上都具有重要作用。

在宏观层面上，城市地下空间规划的实施是一项在空间和时间上浩大的系统工程，是政府意志的体现。党的领导和政治方向起着主导的作用，规划管理必须遵循党和政府制定的路线、方针、政策和一系列原则。例如：勤俭建国的方针，环境保护的方针，保护历史文化遗产的方针，合理用地、节约用地的原则，适用、经济的原则，经济效益、社会效益和环境效益相统一的原则，统一规划、合理布局、综合开发、配套建设的原则等，这些方针、原则是编制城市地下空间规划和实施城市地下空间规划都必须遵循的。只有这样才能保证城市地下空间规划适应经济和社会发展的需要，保证城市中物质文明建设和精神文明建设的协调发展，提高城市环境质量，发挥城市综合功能，实现城市现代化。

在微观层面上，规划管理是正确地指导城市使用土地和进行各项建设活动。建设用地的选址，市政管线工程的选线，必须符合城市地下空间规划布局要求，必须符合城市地下空间规划对各项建设的统筹安排。不论地区开发建设还是单项工程建设，必须符合详细规划确定的用地性质和用地指标、建筑容量、建筑密度等各项技术指标要求以及道路红线控制要求，使各项建设按照城市地下空间规划要求实施。

（2）城市地下空间规划管理是城市政府一般职能的体现

政府代表了公众的意志，具有维护公共利益、保障法人和公民合法权益、促进建设发展的职能。各项建设涉及方方面面的问题和要求。城市地下空间规划管理是一项综合性很强的工作。在管理活动中涉及的不仅是城市地下空间规划的问题，还有土地、房屋产权、其他城市管理方面的要求、相邻单位和居民的权益等。这就要求在规划管理中依法妥善处理相关问题，综合消防、环保、卫生防疫、交通管理、园林绿化等有关管理部门的要求，维护社会的公共安全、公共卫生、公共交通，改善市容景观，防止个人利益和集体利益损害公众利益。这就要规划管理对各项建设给予必要的制约和监督，这种制约和监督不是把建设管"死"，而是使之"有序"；不是一味地"不行"，而是"怎么样才行"，促进各项建设协调发展。

（3）城市地下空间规划管理在新的历史阶段面临更加繁重的任务

随着改革开放的深化和社会主义市场经济体制的建立，城市地下空间规划管理面临着许多新情况、新问题、新要求，任务更加繁重。一是由于城市空间的发展，城市三维空间结构发生很大的变化，地上地下空间迅速发展，全民、集体和私营多种经济成分同时并存以及中外合资、合作和境外独资企业的发展，城市地下空间规划管理工作的内容更加广泛，要求城市地下空间规划管理工作以新的观念和章法，根据不同对象进行有效管理，为创造良好的投资环境和城市环境提供服务。二是由于房地产的发展，特别是土地有偿使用制度的改革，城市地下空间规划管理工作需探索新的工作机制，使城市土地得到合理使用。城市建设资金和开发活动趋于多元化。对此，迫切需要采取有效的手段，把各项建设活动纳入统一的规划管理轨道，防止各自为政把城市搞乱。三是由于城市经济实力的加强，城市现代化水平不断提高，住宅等各类建筑的建设增长，城市车辆增加，市政公用设施能力成倍发展，城市基本建设规模空前，城市地下空间规划管理工作任务繁重、矛盾复杂。对于这样一些新情况、新问题，城市地下空间规划管理工作必须与之适应。这就要求更新管理观念，改革工作方式，改进工作方法，建立、健全新的工作机制，更好地实现管理目标，完成管理任务。

3. 城市地下空间规划管理的基本内容

城市地下空间规划管理的内容是由城市地下空间规划管理的任务所确定的。《中华人民共和国城乡规划法》《城市地下空间开发利用管理规定》等法律法规已经对城市地下空间规划管理活动进行了法律性的概括。这就是核发建设项目选址意见书、核发建设用地规划许可证、核发建设工程规划许可证、监督检查、竣工验收。这些管理活动贯穿于建设的全过程。

（1）建设用地规划管理

它是实施城市地下空间规划的根本保证。它决定建设工程可以使用哪些土地，不可以使用哪些土地，以及如何经济合理地使用土地。根据建设工程的实施进程，它包括核发建设项目选址意见书和核发建设用地规划许可证两个步骤。

① 核发建设项目选址意见书。建设项目选址意见书反映了规划管理部门对建设项目选址的意见并对建设工程提出规划要求。城市中建设项目的建设，不论是新建、迁建还是原址改建，都涉及使用土地，关系城市地下空间规划的布局。在建设项目可行性研究阶段，征求规划管理部门对建设项目选址的意见，就能保证各项建设工程按照城市地下空间规划进行建设，使可行性研究报告编制得科学、合理，符合城市地下空间规划要求，从而取得良好的经济效益、社会效益和环境效益。建设项目选址意见书提出了土地使用和规划设计要求。

② 核发建设用地规划许可证。新建、迁建、扩建、改建的建设工程需要使用土地或者改变原址土地使用性质时，必须根据规定向规划管理部门申请建设用地规划许可证，并送审设计方案。规划管理部门审核其设计方案，在满足建设项目用地要求的前提下，保证经济合理地使用土地，继而核发建设用地规划许可证。如果说该建设项目选址意见书对建设项目使用土地给以"定性""定点""定要求"，建设用地规划许可证则给建设项目使用土地"定范围""定数量"。核发建设用地规划许可证的目的，在于确保土地利用符合城市地下空间规划，维护建设单位按照城市地下空间规划使用土地的合法权益，为土地管理部门审批土地提供必要的法律依据。

（2）建设工程规划管理

能否对城市各项建设工程实施有效的规划管理是保证城市地下空间规划顺利实施的关键。各项建设工程必须按规定向规划管理部门申请建设工程规划许可证并送审设计图纸。规划管理部门通过对建设工程设计的审核和核发建设工程规划许可证，对建设活动给以必要的控制和引导，使其按照城市地下空间规划实施，维护公共安全、公共卫生、公共交通和市容景观。建设工程规划许可证是建设工程符合城市地下空间规划的法律凭证。规划管理是一个连续过程，如果建设工程申请建设用地规划许可证后连续申请建设工程规划许可证，凡是设计方案在核发建设用地规划许可证时已经审定的，在核发建设工程规划许可证前，仅审核施工图，不再审核设计方案。如果原址改建工程，则必须审核设计方案。由于建设工程表现形态不一，具有不同的特点，规划管理的具体目标也不一样，采取的管理方式也应该不同。

（3）城市地下空间规划实施监督检查

监督检查是城市地下空间规划管理的重要组成部分。监督检查一般包括以下几个方面内容：

① 未经规划许可的建设用地和建设工程；

② 建设用地规划许可证的合法性及其执行情况；

③ 建设工程规划许可证的合法性及其执行情况；

④ 规划建成和保留地区的规划控制情况；

⑤ 建设工程放样复验；

⑥ 建设工程竣工规划验收；

⑦ 建筑物和构筑物的规划使用性质；

⑧ 按照规划条例规定应当监督检查的其他内容。

4. 城市地下空间规划管理的特性

城市地下空间规划管理具有综合性、整体性、系统性、时序性、地方性、政策性、技术性、艺术性等诸多特点。管理工作中需要特别注意以下一些特性。

（1）规划管理具有服务性和制约性的双重属性

社会主义国家行政机关的职能是建设和完善社会主义制度，是促进经济和社会的协调发展，不断改善和满足人民物质生活和文化生活日益增长的需要，是为人民服务。规划管理作为一项城市政府职能，其管理目标也是为社会主义建设服务、为人民服务。规划管理实施城市地下空间规划的最终目的，也是为了促进经济和社会的协调发展。所以，规划管理就其根本目标是服务，在管理活动中为城市的公共利益和长远利益需要而采取的控制措施，也是一种积极的制约，其目的是使之纳入人民根本的和长远的利益轨道。

城市是经济和社会发展的产物。只有生产发展了、经济繁荣了、文化和科学技术进步了，城市本身才将得以不断发展。因此，规划管理必须适应经济和社会发展的需要。城市作为一个物质实体，它的发展总要受到土地、交通、能源、供水、环境、农副产品供应等诸多因素的制约。就是在城市范围内安排建设项目，也会受到空间容量、生态环境要求、交通运输条件、城市基础设施供应、相关方面的权益和有关方面的管理要求等多方面因素的制约。同时各项建设的比例问题及速度问题也需要相互协调，这就要求规划管理既要为之服务又要加以制约。

认识规划管理具有服务和制约的双重属性的目的是，规划管理人员必须树立服务的思想，把服务放在首位，制约也是为了更好的服务。强调服务当先，管在其中。

（2）规划管理具有宏观性和微观性的双重属性

城市地下空间规划是着眼于城市的合理发展，规划管理的目标是实施城市地下空间规划。规划管理的对象，既有宏观的对象。又有微观的对象。对城市的发展要放到整个经济和社会发展的大范围内考察，城市的发展必然受到政治、经济因素和政府决策的影响。宏观管理的重点就是要遵循党和政府的路线、方针、政策和一系列的原则，规划管理的政策性强的道理也就在这里。城市地下空间规划布局是具体建设工程的分布，规划管理所审核的每一项建设工程都或多或少地对城市的布局产生一定的影响，因此，必须把每项建设工程放在城市的大范围内考察，不能就事论事地处理问题。

认识规划管理、宏观管理和微观管理的双重属性，其目的是规划管理人员要增强政策观念和全局观念，正确处理局部与整体、需要与可能的辩证关系，要大处着眼、小处入手。

（3）规划管理具有专业性和综合性的双重属性

城市管理包括户籍管理、交通管理、市容卫生管理、环境保护管理、消防管理、绿化管理、文物保护管理、土地管理、房屋管理及规划管理等。城市地下空间规划管理只是规划管理中的一个方面，是一项专业的技术行政管理，有它特定的职能和管理内容。但它又和上述其他管理相互联系、相互交织在一起，大量管理中的实际问题都是综合性问题。高度分工必然要高度综合。一项建设工程设计除了涉及城市地下空间规划的技术规定外，因其区位和性质还会涉及环境保护、环境卫生、卫生防疫、绿化、国防、人防、消防、气象、抗震、防汛、排水、河港、铁路、航空、交通、邮电、工程管线、地下工程、测量标志、文物保护、农田水利等管理要求。这就要求规划管理部门作为一个综合部门来进行系统分析，综合平衡，协调有关问题。一般来讲，规划管理部门作为牵头单位其道理也在这里。

认识规划管理具有专业和综合的双重属性，要求规划管理人员运用科学的系统方法进行综合管理，重视整体功能效益，并在相互作用因素中探索有效的运行规律，更好地进行综合协调，提高管理工作效率和效益。

（4）规划管理具有阶段性和长期性的双重属性

城市地下空间的发展和建设是一个长期的过程，通过城市地下空间的建设来改造城市地下空间的结构和形态不是一蹴而就的，也需要一个历史发展过程。它的速度总要和经济、社会发展的速度相适应，与当时能够提供的财力、物力、人力相适应，因此，实施规划管理具有一定的阶段性。同时经济和社会的发展是不断变化的，规划管理在一定历史条件下确定的建设用地和建设工程，随着时间的推移和数量的积累，必然对城市的未来发展产生影响。规划管理的实施必须体现城市发展的持续性和长期性要求。例如，住宅建筑，由于科学技术的进步，住宅建筑的寿命得以延长，另一方面随着经济社会发展，人们对住宅舒适水平要求日益提高，住宅建筑的精神寿命趋于缩短。这种不平衡的矛盾，在管理上应探索灵活应变的方法，留有余地，要具有应变的能力。

（5）规划管理具有规律性和创造性的双重属性

任何管理都是一项社会实践活动。只有遵循客观规律的实践活动才能获得成功，而客观规律又是实践经验的总结和概括。这就要求规划管理工作既要遵循客观规律又要充分发挥主观能动性，研究新问题，创造性地探求管理的思路、方法和途径。

城市地下空间规划的实施作为一项社会实践活动，首先应该遵循认识世界、改造世界的总科学——马列主义哲学的理论指导。中国特色社会主义理论体系是马列主义在中国实践的最新的、创造性的发展。在社会主义建设的新时期，城市地下空间规划工作尤其要学习，运用科学的理论指导工作。城市地下空间规划是一门研究城市地下空间发展规律的学科，它所概括、总结城市地下空间发展和建设的一些理论、原则、方法是城市地下空间规划编制的指导思想，而不同城市针对城市经济、社会发展要求和城市建设中的问题所编制的城市地下空间规划，又是城市地下空间规划理论创造性的体现。这些实践的积累和总结，又丰富和发展了城市地下空间规划的理论，即认识城市发展的规律。城市地下空间规划管理在实际工作中要遵循城市地下空间规划理论和批准的城市地下空间规划的各项原则和要求，这是最基本的。同时又必须看到，经济、社会的发展和城市中各种因素的变化又是错综复杂的，在城市地下空间规划管理活动中对具体问题的处理，需要根据上述原则、要求去创造性地开展工作。

12.2 城市地下建设用地规划管理

1. 城市地下建设用地规划管理的意义

（1）基本概念

城市地下建设用地规划管理就是依据城市地下空间规划所确定的不同区位、不同地段的总体布局和用地性质，恰当地决定建设工程可以使用土地的位置，在满足建设工程功能和使用要求的前提下，经济、合理地使用土地。具体地说，就是城市地下空间规划管理部门根据国家、地方的法规和经法定程序制定的城市地下空间规划所确定的总体布局、用地性质和土地使用强度等，在城市地下空间规划区范围内，通过法律的、行政的手段，按照一定的管理程序，对建设单位申请的建设项目用地进行审查，确定其建设地址，核定其用地范围及土地使用规划要求，核发城市地下建设用地规划许可证。

（2）城市地下建设用地规划管理的区域范围

城市地下空间规划的城市地下建设用地规划管理和城市规划管理一样，有它的区域性范围，即城市规划区。根据《中华人民共和国城乡规划法》第二条规定："制定和实施城乡规划，在规划区内进行建设活动，必须遵守本法。"同时规定："本法所称规划区，是指城市、镇和村庄的建成区以及因城乡建设和发展需要，必须实行规划控制的区域。规划区的具体范围由有关人民政府在组织编制的城市总体规划、镇总体规划、乡规划和村庄规划中，根据城乡经济社会发展水平和统筹城乡发展的需要划定。"

（3）城市地下建设用地规划管理的重要性

城市地下建设用地规划管理的目的是实施城市地下空间规划，从全局和长远的利益出发，根据建设工程的用地要求，经济、合理地使用土地，调整不合理的用地；维护和改善城市的生态环境、人文环境的质量，保障城市综合功能和综合效益的正常发挥，促进城市的物质文明和精神文明的建设。其重要作用在于：

① 通过城市地下建设用地的规划管理，可以合理地使用土地，保证城市各项建设活动有组织地按照城市地下空间规划所确定的各项要求实施。

② 通过城市地下建设用地规划管理，可以节约宝贵的土地资源，促进国家建设和农业生产的协调发展。珍惜每一寸土地是我国的一项基本国策。

③ 通过城市地下建设用地规划管理，综合协调城市地下建设用地的有关矛盾和相关方面要求，提高工程建设的经济、社会和环境的综合效益，促进建设工程的建设，保证其建成后有正常运行和使用的条件。

④ 通过城市地下建设用地规划管理，可以深化城市地下空间规划。城市地下空间规划的编制、审批和实施是一个完整的过程。

2. 城市地下建设用地规划管理的内容

城市地下建设用地规划管理的基本任务是根据城市地下空间规划和建设工程的要求，按照实地现状和条件，决定建设工程可以使用哪些土地，不可以使用哪些土地，以及如何经济合理地使用土地，保障城市地下空间规划的实施，促进建设的协调发展。根据相关法律法规规定，城市地下建设用地规划管理主要核发两个法律性文件：一是建设项目选址意见书，二是城市地下建设用地规划许可证。城市地下建设用地规划管理的主要内容有以下几个方面。

（1）选择城市地下建设用地地址

城市地下建设用地规划选址是一项综合分析、反复论证的工作。规划选址的主要依据是：

① 经批准的建设工程项目建议书。在进行选址前应深入掌握用地的对象——建设项目的基本情况。

② 建设项目与城市地下空间规划布局的协调。建设工程规划选址是保证城市地下空间规划实施的重要环节。

③ 建设项目与城市交通、通信、能源、市政、防灾规划和用地现状规划条件的衔接与协调。每个建设项目都有一定的交通运输要求、能源供应要求、市政公用设施配套要求等。

④ 建设项目配套的生活设施与城市居住区及公共设施规划的衔接与协调。一般建设项目特别是大中型建设项目都有生活设施配套的要求，以及征用农村土地、拆迁宅基地安排被动迁的农民、居民问题。

⑤ 建设项目对于城市环境可能造成的污染影响，以及与城市环境保护规划和风景名胜、文物古迹保护规划协调。建设项目的选址不能造成对城市环境的污染，要与环境保护规划协调。

⑥ 珍惜土地宝贵资源，节约用地。城市地下建设用地尽量不占、少占良田和菜地，尽可能挖掘现有用地潜力，合理调整使用土地。

⑦ 综合有关管理部门对城市地下建设用地的意见和要求。根据建设项目的性质和规模以及所处区位，对涉及的环境保护、卫生防疫、消防、交通、绿化、河港、铁路、航空、气象、防汛、军事、国家安全、文物保护、建筑保护、农田水利等方面的管理要求必须符合有关规定并征求有关管理部门意见，作为城市地下建设用地选址的依据。

（2）控制土地使用性质

土地使用性质的控制是保证城市地下空间规划布局合理的重要手段。为保证各类建设工程都能遵循土地使用性质相容性的原则进行安排，做到互不干扰，各得其所，应按照批准的详细规划控制土地使用性质。尚未批准详细规划的，按总体规划和相关规定执行。相关规定中未列入的建设工程，由规划管理部门根据对周围环境的影响和基础设施条件具体核定。核定土地使用性质要规范化，可按照《城市用地分类与规划建设用地标准》将城市用地分为8大类、35中类、44小类，必须据以执行。凡需改变规划用地性质的，应先作出调整规划，按规定程序报经批准后执行。

（3）核定土地开发强度

城市地下建设用地的开发强度即土地使用的强度。城市地下空间土地使用强度的高低，不仅对建设活动的经济性有直接影响，而且会引起一定范围内社会、经济和环境情况的变化。使用强度过低造成土地的浪费和经济效益的下降；使用强度过高，又会带来市政公用基础设施负荷过重，交通负荷过高，以及环境质量的下降等，反过来影响建设工程效能的正常发挥。对土地使用强度的控制，就是保证城市地下空间土地得到合理利用，它是通过容积率和建筑密度这两个量化强度指标来实现的，这两者相互关联，其中最核心的控制指标是容积率。

（4）核定其他土地使用规划管理的要求

城市地下空间规划对城市地下建设用地的要求是多方面的，应根据城市地下建设用地所在区位的城市地下空间规划予以提出。如是否有规划道路穿越，是否要求设置绿化隔离带等。由于城市地下建设用地规划管理与建设工程规划管理是一个连续的过程，一般在城市地下建设用地核提规划条件及使用要求时，一并将建设工程规划设计要求同时提出。如果涉及建筑工程则将建筑退让、建筑间距、建筑高度、绿地率、基地标高等控制要求一并提出。这样有利于管理工作协调配合，有利于提高工作效率。另外，还需根据建设工程性质和城市地下建设用地区位，综合消防、环保等其他管理部门对城市地下建设用地的要求一并提出。

（5）确定城市地下建设用地范围

审核建设工程总平面设计方案是确定城市地下建设用地范围的主要依据。城市地下建设用地规划管理主要是审核建设工程的性质、规模和总平面布置是否符合规定和规划设计要求，据以确定用地范围。但是，规划管理是一个连续的过程，为方便下一步核发建设工程规划许可证，对于规模较小的单项建设工程，可一并审定设计方案，据以核发建设工程规划许可证，简化审批手续。对于规模较大的单项建设工程或地区开发建设工程，则主要审核总平面设计方案或详细规划，在下一步建设工程规划管理过程中再深入审核设计建筑方案。

3. 城市地下建设用地规划管理的程序

城市地下建设用地的规划管理是一个决策过程。为保证决策的科学化，必须有相应的管理程序。其管理程序是根据获得土地使用权的方式和建设规模的不同来确定的。

当前，我国正处于深化改革的历史关键时期，新旧体制处于转换的过程中。就获得土地使用权的方式来说，有行政划拨和国有土地使用权有偿出让两种主要形式。就建设规模来说，有单项工程相对独立的建设（如新建、改建、扩建工程）和地区开发建设（如居住区、工业开发区、旧区成片改造等）两种类型。从城市地下空间规划实施的要求和经济社会发展的角度来看，城市建设应该走土地有偿出让和综合开发的道路，但是，单项建设工程和以行政划拨方式取得土地使用权的情况仍将存在。城市地下建设用地规划管理必须采取与之相适应的不同的管理程序。

（1）审理建设项目选址意见书的程序

① 以行政划拨或征用土地方式取得土地使用权的，按下列程序办理：

a. 城市地下建设用地选址（对于有选址意向或改变原址使用性质的，则根据城市地下空间规划予以确认是否同意）；

b. 核定设计范围并提出土地使用规划要求（一般连同建设工程规划设计要求一并提出）；

c. 核发建设项目选址意见书。

② 以国有土地使用权有偿出让方式取得土地使用权的，按下列程序办理：

a. 确认出让地块在城市地下空间规划中能否同意；

b. 核定土地使用规划要求和规划设计要求；

c. 函复土地领导部门。

（2）申请建设项目选址意见书的操作要求

① 申请建设项目选址意见书的范围：

a. 新建、迁建单位需要使用土地的；

b. 原址改建需要使用本单位以外土地的；

c. 需要改变本单位土地使用性质的。

② 建设单位申请建设项目选址意见书需要报送下列图纸、文件：

a. 填写《建设项目选址意见书申请表》；

b. 批准的建设项目建议书或其他有关计划文件；

c. 迁建项目或有选址意向的应附送迁建单位原址或选址地点地形图三份，并标明原址用地界限或选址意向用地位置；

d. 属原址改建申请改变土地使用性质的，需附送土地权属证件复印件一份；

e. 大型建设项目应附送有相应资质的规划设计单位作出的选址论证；

f. 关于建设项目情况和要求的说明及其他有关图纸、文件。

规划管理部门受理申请后，应在法定工作日 40 天内审批完毕。经审核同意的，发给建设项目选址意见书，并核定设计范围，提出规划设计要求；经审核不同意的，亦予以书面答复。

建设单位在取得建设项目选址意见书后 6 个月内，建设项目可行性研究报告未获批准又未申请延期的，建设项目选址意见书即行失效。

（3）审理城市地下建设用地规划许可证的程序

① 审核建设工程设计方案或修建性详细规划。

② 核发城市地下建设用地规划许可证。

③ 需要说明的是，有些建设工程用地范围已经明确且不因设计方案而变化，则可根据明确的用地范围核发城市地下建设用地规划许可证。

有些地区开发建设工程，是按照批准的控制性详细规划划定用地范围核发城市地下建设用地规划许可证的，修建性详细规划和建筑设计方案则在下一步建筑工程规划管理过程中予以审定。而有偿使用城市地下建设用地则是先明确了用地范围，再审定设计方案。对于这类城市地下建设用地范围是事先征求过规划管理部门意见的，与规划并不矛盾，可以根据土地使用权有偿出让合同用地范围核发城市地下建设用地规划许可证。设计方案则在建设工程规划管理阶段审定。

（4）申请城市地下建设用地规划许可证的操作要求

① 申请城市地下建设用地规划许可证的范围同建设项目选址意见书。

② 建设单位申请城市地下建设用地规划许可证需要报送下列图纸、文件：

a. 填写《城市地下建设用地规划许可证申请表》；

b. 附送有符合要求的勘察测绘机构出具的 1：500 或 1：1000 地形图 6 份；

c. 设计总平面图 1 份，建设工程设计方案 1 套；

d. 如属迁建单位应详细填明原址地点、土地、房屋面积并附 1：500 或 1：1000 地形图 1 份；

e. 凡属土地使用权有偿出让、转让地块的建设工程，须加送土地使用权出让（转让）合同文本复印件 1 份及 1：500 或 1：1000 地形图 6 份；

f. 建设工程可行性研究报告批准文件；

g. 其他需要说明的图纸、文件等。

规划管理部门受理申请后，应在法定工作日 40 天内审批完毕。经审核同意的，发给城市地下建设用地规划许可证；经审核不同意的，予以书面答复。

12.3 城市地下建设工程规划管理

1. 城市地下建设工程规划管理的意义

（1）基本概念

城市地下建设工程规划管理是构成城市地下空间规划管理全过程的重要环节，是为落实城市总体规划、详细规划及城市设计的具体行政行为。其基本概念是：按照城市地下空间规划的要求，根据城市地下空间规划管理的法律、法规、规章和规范性文件，并视城市地下建设工程具体情况，综合城市地下建设工程规划管理中涉及的环境保护、环境卫生、卫生防疫、消防、民防、安保、国防、绿化、气象、防汛、抗震、排水、河港、铁路、机场、交通、工程管线、地下工程、测量标志、农田水利等有关专业管理部门的管理要求，对拟建建筑物、构筑物的性质、规模、位置、容积率、密度、间距、高度、体形、体量、建筑平面、空间布局以及朝向、基地出入口、基地标高、建筑色彩和风格等内容进行审核，核发城市地下建设工程规划许可证。通过规划的引导、控制、协调、监督，处理各方面的矛盾，保证城市地下空间规划的顺利实施，保障城市公共利益和有关方面的权益，促进建设有序发展。因此，城市地下建设工程规划管理是一项涉及面广、综合性强的技术行政工作。

（2）城市地下建设工程规划管理的重要性

城市地下建设工程的建设不仅只满足自身功能的需要，而且对城市的布局形态、环境质量、城市交通、公共安全、公共卫生、左邻右舍的相关权益等产生影响。因此，把自发的、无序的城市地下建设工程，纳入有序的城市地下空间规划十分重要，它的作用反映在：

① 通过城市地下建设工程规划管理，有效地指导各项建设活动，保证各项城市地下建设工程按照城市地下空间规划的要求有序地建设，促进城市的合理发展。

② 通过城市地下建设工程规划管理，对建设工程的建设进行必要的控制，维护城市公共安全、公共卫生、公共交通等公共利益和有关单位、个人的合法权益。

③ 通过城市地下建设工程规划管理，对城市地下建设工程建设加以引导、控制，改善城市市容景观和提高城市环境质量。

④ 通过城市地下建设工程规划管理对相关管理要求和有关矛盾的综合协调，促进城市地下建设工程的建设。

2. 城市地下建设工程规划管理的内容

（1）地下建筑物使用性质的控制

城市地下建筑物使用性质的控制具有宏观和微观双重层面上的意义。在宏观层面上，是为了保证土地使用符合城市地下空间规划布局合理的要求。各类建筑都应遵循土地使用性质相容性的原则进行安排，做到互不干扰，各得其所。在建设工程规划管理阶段就要对城市地下建筑物使用性质进行审核，保证城市地下建筑物使用性质与土地使用性质相容性的原则，保证城市地下空间规划布局的合理。在微观层面上，城市地下建筑物使用性质的审核是容积率、建筑密度审核的相关联的内容。容积率和建筑密度是根据土地使用强度的要求，依据不同建筑性质核定的。因此在建筑容积率和建筑密度审核之前，首先应对建筑使用性质予以审定。

城市地下建筑物使用性质的审核主要是审核地下建筑平面使用功能。在城市地下建设工程规划管理中，对建筑单体平面应仔细审阅，对于其中使用功能不明确的应予以明确，并能符合土地使用性质相容性的原则。在城市地下建筑物使用性质审核中还应注意不同性质建筑之间避免相互干扰：一是如拟建工程是由不同性质建筑组合的群体或综合体（如学校、工厂、商场等），则应审核其布局的合理性，保证能各得其所，既联系方便又互不干扰；二是拟建工程不要对周围建筑产生不利影响。随着经济发展、科学进步，建筑使用性质日趋复杂化、综合化、智能化，应本着土地使用相容性的原则和保障公共利益和相关权益的原则对城市地下建筑物使用性质予以控制。

（2）容积率和建筑密度的控制

容积率和建筑密度是反映土地使用强度的主要指标。在城市地下建设工程规划管理阶段对城市地下建设用地管理阶段所核定的容积率和建筑密度进行有效控制具有宏观调控的意义。

① 容积率审核应注意的问题。

a. 应审核其计算是否规范，应严格区别单项建设工程和不同性质建筑组合的基地按不同性质分类，将基地计算范围细分，分别计算建筑容积率；

b. 为社会公众服务而提供的开放空间建筑面积不计，规划管理部门可根据提供的开放空间，按有关规定增加建筑面积；

c. 城市地下空间中涉及非建设面积，如道路面积、河道面积等不计入建筑基地面积内；

d. 综合建筑的容积率按不同性质的建筑面积比例换算合成；

e. 建筑面积计算应符合国家有关规定。

容积率审核是一项十分细致的工作，特别在市场经济条件下，由于经济利益的驱动，开发商盲目追求高容积率，甚至弄虚作假，应严格审核。

为鼓励在市区的旧区改造中创造为社会公众服务的广场空间、游憩场所、公共停车场、公共绿地等公共活动空间，实行容积率奖励已成为城市地下空间规划管理中的一项重要内容。在规划管理活动中，必须正确运用容积率奖励的方法，为创造更舒适、更富人情味的城市地下空间环境服务，避免产生仅为追求经济效益、追求容积率的误区。

② 建筑密度的控制。由于建筑密度影响空间环境质量，在城市地下建设工程规划管理中必须予以审核。应在确保建设基地内消防通道、停车、回车场地、建筑间距的前提下予以审定。在一般情况下，实际建筑密度往往小于建设用地规划管理阶段核定的建筑密度。

（3）建筑深度的控制

对于地下空间而言，建筑深度的控制是核准建筑规划设计要求和审核建筑设计方案的一项重要内容。在已编制详细规划或城市设计地区内进行建设的，建筑深度应按已批准的详细规划或城市设计的要求控制。在尚未编制详细规划或城市设计的地区，建筑深度的核定应充分考虑下列几个方面的影响因素。

① 地下设施因素对建筑深度的影响。地下空间的深度，首先要考虑地下各类现有

的市政、建筑物、道路基础等的影响，必须对其进行合理规避，避免产生新建建筑物影响原有设施的内容。

② 地质条件因素对建筑深度的影响。地下空间与地面空间最大的不同，就是各类地质条件对建筑物的深度会产生制约性的影响，地质条件的优劣直接影响建筑深度，需充分对其进行勘察和研究，确保建筑深度处于合理的范围之内。

③ 地下文物保护对建筑深度的影响。在文物保护单位和保护单位周围的建设控制地带内新建、改建城市地下建筑物，为保护被保护对象的基础和未探明的文物，必须对建筑深度进行控制。

④ 其他影响因素对建筑深度的影响。除以上各种对于建筑深度的影响外，地下空间的分层开发、技术条件、安全要求等都是对建筑深度的影响内容，需要认真研究。

综上所述，建筑深度控制是一项复杂的、综合的技术要求，制约因素很多，在审核建筑设计方案时，必须仔细、认真地考虑到各方面的要求，否则一时疏忽将会造成巨大的安全隐患和经济损失，或引起侵犯权益的行政纠纷或行政诉讼。

（4）建筑间距的控制

建筑间距是建筑物与建筑物之间的距离。建筑之间因消防、卫生防疫、日照、交通、空间关系以及工程管线布置和施工安全等要求，必须控制一定的间距，确保社区的公共安全、公共卫生和公共交通。建筑间距是审核建筑设计方案的重要内容之一。

（5）建筑退让的控制

建筑退让是指建筑物、构筑物与相邻控制线之间的距离要求。如拟建建筑物后退道路红线、河道蓝线、铁路线、高压电线及建设基地界线的距离。建筑退让不仅是为保证有关设施的正常运营，而且是为维护公共安全、公共卫生、公共交通和有关单位、个人的合法权益。

（6）基地出入口、停车和交通组织的控制

建设基地出入口、停车和交通组织对城市交通影响很大，要根据不干扰城市交通的要求，确定建设内部及内外之间机动车、非机动车出入口方位，以及人、机动车、非机动车的交通组织方式，并按照规定设置停车泊位。出入口处应设置足够的临时停车场地。进出地下的车辆不得利用城市道路回车。

（7）建筑环境的管理

城市地下建设工程规划管理除对建筑物本身是否符合城市地下空间规划及有关法规进行审核外，还必须考虑建筑物内部的环境。已有城市设计的地区，应按城市设计的要求，对建筑物造型、立面、色彩进行审核；在没有城市设计的地区，对于较大规模或较重要建筑的造型、立面、色彩亦应组织专家进行评审，使其在更大的空间范围内达到最佳景观效果。

（8）无障碍设施的控制

对于办公、商业、文化娱乐等公共建筑内部相关部位，应按规定对其无障碍设计进行审核，对于开发类和公共类项目，还应对建筑内人行道是否设置残疾人轮椅坡道和盲人通道等设施进行审核，保障残疾人的生活权益。

（9）综合有关专业管理部门的意见

建设工程建设涉及的专业管理部门较多，如房产、环保、卫生防疫、环卫、民防、消防、气象、防汛、排水、河港、铁路、航空、交通、邮电、工程管线、文物保护等，应根据建设工程性质、规模、内容以及所在地段，确定需要征求哪些专业管理部门的意见。

3. 城市地下建设工程规划管理的程序

（1）在行政划拨土地上建设的建设工程规划管理程序

在原使用基地上建设且不改变土地使用性质的单项建设工程，经过三个管理程序，即：①核定设计范围，提出规划设计要求；②审核建筑设计方案；③核发建设工程规划许可证。

需要征用农田、调拨城市公共用地和单位土地或原址改建需改变原有土地使用性质的单项建设工程，应经过建设用地规划管理程序后，在此基础上申请建设工程规划许可证。这类建设工程规划管理程序分两步：①审定建筑设计方案；②核发建设工程规划许可证。

实施地区开发的建设工程，其地区开发建设一般根据控制性详细规划，经规划、土地部门批准后取得土地使用权。一般来讲，应首先审定地区开发建设的修建性详细规划或城市设计。其次，在单项工程报审建筑设计方案时，应首先复核与审定修建性详细规划与城市设计是否相符，再深入审核地块的建筑设计方案。

（2）在土地使用权有偿出让基地上的建设工程规划管理程序

在土地使用权有偿出让基地上建设的建设工程规划管理，在土地受让方签订土地出让合同，申请建设用地规划许可证并取得土地使用权后即可向规划管理部门送审建筑设计方案，申请建设工程规划许可证，所以这类建设工程规划管理审理程序也是分两步：①审定建筑设计方案；②核发建设工程规划许可证。

由于土地有偿出让基地上的建设工程设计方案与扩大初步设计一并审核，因此，建筑设计方案由市建委与规划管理部门联合组织会审，即建设单位向规划管理部门报送建筑设计方案及相应文件10套，由规划管理部门分送住建、安全、消防、交警、环保、卫生、劳动、城管、所在地区人民政府等单位，并召开上述单位参加方案会审会。会后10天内各单位将审核的书面意见送规划管理部门。规划管理部门综合批复建筑设计方案。如设计方案需做较大修改的，则再送审修改方案，直至审定。

建设单位在按审定的建筑设计方案完成施工图设计后，即可向规划管理部门申请建设工程规划许可证。

对于实施地区开发的建设工程设计方案的审核，先由规划管理部门审定修建性详细规划，再按上述要求审核地块的建筑设计方案。

（3）申请建设工程规划许可证的操作要求

① 申请核定设计范围和规划设计要求，建设单位需要报送下列图纸、文件：

a. 建设工程规划设计要求送审单；

b. 建设工程可行性研究报告批准文件；

c. 建设基地的土地使用权属证件；

d. 如需拆除基地内房屋的，加送房屋权属证件；

e. 如属危房翻建的，加送危房鉴定报告；

f. 建设基地的地形图两张，建设单位应在地形图上划出本单位用地范围及拟建工程基地位置。

② 建设单位送齐上述文件、图纸后，规划管理部门应在规定时限内审理完毕，经审核同意的，核发下列审批文件：

a. 建设工程规划设计要求通知单；

b. 盖有"规划管理业务专用章"的地形图一张；

c. 经审核不同意的，也应予以书面答复。

③ 核定设计范围和规划设计要求应注意下列事项：

a. 如上述图纸、文件不全，应通知建设单位补送有关图纸、文件或资料，审核时间应从补齐之日算起；

b. 规划管理部门根据建设工程规模、性质、基地情况，核定设计范围，恰当地提出规划设计要求；

c. 建设单位应凭上述审批文件委托具有相应设计资格证书的设计单位进行设计；

d. 按规定应属设计招标工程的，凭上述审批文件组织设计招标。

④ 送审建筑设计方案，建设单位应报送下列图纸、文件：

a. 建设工程设计方案送审单；

b. 总平面设计图两张，总平面设计图应标明建筑基地界限，新建筑物外轮廓尺寸和层数，新建筑物与基地界限，城市道路规划红线，相邻建筑物、河道、高压电线的间距尺寸，写明有关技术经济指标；

c. 单体建筑物平面图、剖面图、立面图两套，图纸应标明建筑尺寸，平面图应注明各房间使用性质；

d. "建设工程规划设计要求通知单"中要求送审的其他有关图纸、文件，如日照分析图、保护建筑物视线分析图等；

e. 如属设计招标工程应加送设计单位中标通知书；

f. 加层房屋要加送原建筑平面图、立面图，及设计单位对房屋结构、基础的复核意见。

⑤ 建设单位送齐上述图纸、文件后，规划管理部门应在规定时限内审核完毕，并核发下列审批文件：

a. 建设工程设计方案审核意见单；

b. 盖有"规划管理业务专用章"的设计方案图纸一套。

⑥ 审核建筑设计方案应注意下列事项：

a. 规划管理部门应根据批准的城市规划，管理法规规定和规划设计要求对方案提出审核意见；

b. 送审的设计方案图纸，应符合规范化要求，图纸须有设计单位图签、设计单位资格证书编号、设计人签名；

c. 如送审的图纸、文件不全，建设单位应根据审核要求补送有关图纸、文件，审核时间应从补齐之日算起；

d. 对于地段重要、规模较大或重要建设工程的设计方案，规划管理部门将组织有关单位会审，并请建设单位参加，建设单位不要自行组织设计方案会审；

e. 建筑设计方案经审核需作较大修改的，建设单位应再次送审设计方案。

⑦ 申请核发建设工程规划许可证，建设单位应报送下列图纸、文件：

a. 建设工程规划许可证申请单；

b. 总平面设计图两张；

c. 建设基地地形图三张；

d. 建筑施工图两套；

e. 结构施工图一套；

f. 建设工程可行性研究报告批准文件；

g. 按"建设工程方案审核意见单"要求需报环保、卫生防疫、消防、交通、绿化、民防等有关部门的审核意见单。

⑧ 建设单位送齐上述图纸、文件，规划管理部门应在规定时限内审理完毕，经审核同意的，核发下列审批文件：

a. 建设工程规划许可证；

b. 有"建设工程规划许可证核准图纸"图章的总平面设计图一张、建筑施工图一套；

c. "开工验线通知单"一张；

d. 如建设工程需要订立道路规划红线界桩的，加发《道路规划红线订界申请单》一张。

⑨ 核发"建设工程规划许可证"时，应注意下列事项：

a. 如报送的图纸、文件不齐，建设单位应根据审核要求补送有关图纸、文件，审核时间应从补齐之日算起；

b. 应缴纳建设工程执照费及轻型墙体材料费、档案保证金、民防费的工程，凭缴费单据领取"建设工程规划许可证"。

12.4 城市地下空间规划实施的监督检查

1. 监督检查的意义

城市地下空间规划实施的监督检查就是依照批准的城市地下空间规划和各项规划法律、法规对城市地下空间的各类土地使用和建设活动实施的规划情况进行监督检查；查处各类违法建设行为；收集、综合、反映城市地下空间规划实施的信息。

监督检查贯穿于城市地下空间规划实施的全过程，对城市地下空间规划的实施具有保障的作用。

2. 监督检查的内容

根据城市地下空间规划实施的任务和要求，其监督检查的内容比较广泛。归纳起来有以下基本内容。

（1）土地使用情况的监督检查

土地使用情况的监督检查包括两个具体内容：一是对建设工程使用土地情况的监督检查；二是对按照规划建成地区和城市地下空间规划保留、控制地区规划控制情况的监督检查。

（2）建设活动全过程的监督检查

规划管理部门核发的建设工程规划许可证是确认有关建设工程符合城市地下空间规划和规划法律、法规要求的法律凭证。它确认了有关建设活动的合法性，保证有关建设单位和个人的合法权益，是城市地下空间规划监督检查机构对建设活动进行跟踪监督检查的依据。监督检查的内容：一是建设单位和个人领取建设工程规划许可证后，应当悬挂在施工现场；二是建设工程施工放线后，建设单位和个人应当向规划管理部门申请复验灰线，经复验无误后方可开工；三是建设单位和个人在施工过程中，规划管理部门应当对其建设活动进行现场检查；四是建设工程竣工后，建设单位和个人应当向城市地下空间规划管理部门申请工程竣工规划验收。

（3）制止和处理违法建设

建设单位或者个人，未经规划管理部门核发建设工程规划许可证就擅自进行建设，即无证建设，或者虽然领取了建设工程规划许可证，但未按照建设工程规划许可证的要求进行建设，即越证建设。按照规划法规的规定，无证建设和越证建设均属违法建设。规划管理部门通过监督检查，及时制止并依法处理各类违法建设行为。

（4）对"两证"合法性进行监督检查

建设单位或者个人采取不正当的手段获得建设用地规划许可证和建设工程规划许可证；或者私自转让建设用地规划许可证和建设工程规划许可证的均属不合法，应当予以纠正或者撤销。被撤销建设工程规划许可证的建设工程按照违法建设依法处理。

3. 监督检查的程序

（1）复验灰线

建设单位和个人在领取建设工程规划许可证件时，应当领取"建设工程开工验线申请单"。建设工程和管线、道路、桥梁工程现场放样后，建设单位或者个人必须按照规定向规划管理部门申请复验灰线，并报告开工日期。

规划管理监督检查机构收到"建设工程开工验线申请单"后，应当进行登记，指定监督检查人员承担复验灰线任务，并告知建设单位或者个人复验灰线的时间。

① 检查的内容。监督检查人员受领任务后，应当查阅并熟悉建设工程规划许可证核准的建设工程总平面图和施工图的内容以及道路规划红线测定成果资料等，按照约定的时间赴建设工程现场，对下列内容进行检查：

a. 检查建设工程施工现场是否悬挂建设工程规划许可证件。

b. 检查建设工程总平面布局。

c. 检查建设工程的外沿与道路规划红线、与相邻建筑物外墙、与建设用地边界的间距。

d. 检查建设工程外墙长、宽尺寸以及各开间的长、宽尺寸。

e. 查看其他市政、文物等对建设工程施工有相应要求的情况。

② 检查结果的处理。检查结果区别下列不同情况处理：

实地检查与建设工程规划许可证及其核准的图纸要求相符时，应当在"建设工程规划监督检查记录单"上签注"建筑灰线符合建设工程规划许可证件的要求，同意开工"。签名或者盖章，并写明验线日期。

实地检查与建设工程规划许可证及其核准的图纸要求不相符时，按照下列要求处理：

当地形图量的尺寸与实地尺寸有误差时，在"建设工程规划监督检查记录单"上签注"实地尺寸比图纸量的尺寸多（少）××米"。若误差在允许范围之内，签"同意开工"。若误差大于允许范围，由建设单位报原核发建设工程规划许可证的规划管理部门重新审定后，再予复验灰线。

建设工程规划监督检查记录单一式两份，由监查员签注意见后，一份交给建设单位或者个人保存，一份作为规划管理监督检查机构档案资料。

（2）竣工规划验收

建设单位或者个人申请领取建设工程规划许可证时，应当领取"建设工程竣工规划验收申请单"。当建设工程竣工后，应当向规划管理监督检查机构报送"建设工程竣工规划验收申请单"。管理监督检查机构收到申请后，应当进行登记，指定监督检查人员承担建设工程竣工规划验收任务，并告知建设单位或者个人建设工程竣工规划验收的时间。

① 验收内容。监督检查人员受理任务后，应当查阅并熟悉建设工程规划许可证核准的建设工程总平面图和施工图的内容以及有关资料，按照约定的时间赴建设工程现场，对下列内容进行检查：

a. 总平面布局。检查该建设工程的位置、占地范围、坐标、平面布置、建筑间距、出入口设置等是否符合建设工程规划许可证及其核准的图纸要求。

b. 技术指标。检查该建设工程的建筑面积、建筑层数、建筑密度、容积率、建筑深度、停车泊位等是否符合建设工程规划许可证及其核准的图纸要求。

c. 建筑立面、造型。检查建筑物或构筑物的形式、风格、色彩、立面处理等是否符合建设工程规划许可证核准的图纸要求。

d. 相关设施。检查室外工程设施，如道路、踏步、大门、停车场、雕塑、水池等是否符合建设工程规划许可证核准的图纸要求。并检查其施工基地内临时设施是否按规定期限拆除并清理现场。

② 验收结果处理。验收结果区别下列不同情况处理：

当建设工程完成情况符合建设工程规划许可证及其核准的图纸要求的，监督检查人员应当在建设工程规划监督检查记录单上签注。建设工程符合建设工程规划许可证要求，规划验收合格。凭此记录单在七日内到××规划管理监督检查部门领取"建设工程竣工规划验收合格证明文件"的意见，并签名或者盖章，注明验收日期。

当建设工程完成情况不符合建设工程规划许可证要求的，监督检查人员应当在"建设工程规划监督检查记录单"上签注"建设工程完成不符合建设工程规划许可证要求，有关××问题应当在××时间内予以改正；有关××违法建设的问题另案处理，建设工程竣工规划验收不合格"的意见，并签名或者盖章，注明验收日期。

监督检查人员在完成建设工程竣工规划验收工作后，应当将规划验收情况拟文并附建设工程规划监督检查记录单，报告主管领导，待领导审核同意后，负责办理建设工程竣工规划验收合格证明文件。

4. 查处违法建设的程序

对按照城市规划法规的规定应当给予行政处罚的建设单位或者个人、建设单位责任人、设计单位、施工单位，规划管理部门应当严格遵循立案调查，查勘取证，作出行政处罚决定，送达当事人等法规规定的工作程序。从查处违法建设全过程来分析，有以下十个工作步骤：

（1）掌握信息

违法建设活动的信息主要来自四个渠道：一是公民、法人和其他组织来信、来访举报违法建设；二是违法建设的单位或者个人主动报告；三是规划管理部门在审核建设工程项目时发现；四是规划管理监督检查人员在对建设工程跟踪检查和日常巡视检查时发现。对违法建设信息应当及时登记在"违法建设案件登记表"上，并指派专人负责处理违法建设案件。

（2）准备资料

规划管理监督检查人员受理违法建设案件以后，应当首先弄清三个问题：一是违法建设所在地的详细规划情况；二是违法建设所在地的地形、地貌资料；三是查实规划管理部门是否核发建设工程规划许可证件，以及建设工程规划许可证核准图纸的内容，确认是无证建设还是越证建设。

（3）现场查勘

规划管理监督检查人员在进行现场查勘时，应当查明以下七个问题：一是违法建设的地点；二是违法建设的单位名称和法人姓名；三是违法建设的工程名称；四是违法建设的工程内容；五是违法建设的事实；六是违法建设的手续；七是相邻单位或者居民的反映。

（4）草拟报告

规划管理监督检查人员在完成违法建设现场查勘取证工作以后，应当根据不同情况，分别书面通知建设单位或者个人、设计单位、施工单位到规划管理监督检查处进行谈话，并做"规划管理监督检查谈话笔录"，由监督检查人员、建设单位或者个人、设计单位、施工单位分别签名或者盖章。必要时可以通知建设单位或者个人、设计单位、施工单位分别报送违法建设、违法设计、违法施工情况的书面报告，规划管理监督检查人员再向上级报送。

（5）通知停工

对在建的违法建设工程，经主管领导批准，应当及时发出"停工通知书"。"停工通知书"采用专人送达，专人送达时应当由建设单位或者个人、施工单位在送达单上签名。如遇到拒收"停工通知书"时，应当由当地社区或街道办干部或者在现场的相关人员签署见证意见。建设单位或者个人和施工单位接到规划管理部门停止施工的通知后继续施工的，规划管理部门可以通知供电、供水部门停止供应施工用电、用水，有关部门应当依法协同实施。

对违法建设工程依法处理后，规划管理部门同意恢复施工的，应当及时发出"恢复施工通知书"；由专人送达建设单位或者个人和施工单位，并及时通知供电、供水部门恢复供应施工用电、用水。

（6）实施处罚

对应当给予行政处罚的建设单位或者个人、施工单位、设计单位，规划管理监督检查机构应当办理"行政处罚决定书"。并按照《中华人民共和国行政处罚法》规定的范围，先通知当事人，按照当事人要求确定是否组织听证。行政处罚决定书一式两份，一份送达被处罚单位或者个人，一份留作该案件档案资料，如行政处罚决定书中明确处以罚款的，应当将其中一份行政处罚决定书先交财务管理部门作为收缴罚款的依据。

（7）出庭应诉

规划管理部门作出行政处罚决定后，做好参加复议或者参加诉讼的准备。在行政复议和行政诉讼过程中，规划管理部门必定处在被申诉人或被告的地位，因此，法定代表人应当认真参加复议或者参加诉讼，也可以委托他人作为复议或者行政诉讼代理人。规划管理部门应当在规定期间内向上级管理部门或者人民法院报送答辩状、有关具体行政行为的全部资料和证据材料。

（8）申请执行

当被行政处罚的违法建设单位或者个人、设计单位、施工单位逾期未履行行政处罚决定，又未申请行政复议，也未向人民法院提出诉讼请求的，规划管理部门应当向人民法院提出诉讼外强制执行的请求，及时向人民法院递交"申请执行书"，其内容主要包括申请执行的请求事项和申请执行的理由。待人民法院审核同意后，积极主动配合人民法院强制执行。

（9）总结报告

对违法建设案件处理结束后，规划管理监督检查机构应当认真总结经验教训，填写"违法建设处理结案报告单"，重大典型案件应当专题总结，并向上级主管部门和有关领导书面报告。

（10）结案归档

对违法建设案件处理后，规划管理监督检查机构应当及时整理有关案件的文件、图纸等资料，装订成册，编号归档。

参考文献

[1] 关宝树，钟新樵．地下空间利用［M］．成都：西南交通大学出版社，1989．

[2] 北京市哲学社会科学规划办公室．北京城市地下空间的开发利用研究［M］．北京市哲学社会科学规划办公室，1994．

[3] 陈立道，朱雪岩．城市地下空间规划理论与实践［M］．上海：同济大学出版社，1997．

[4] 王文卿．城市地下空间规划与设计［M］．南京：东南大学出版社，2000．

[5] 耿永常，赵晓红．城市地下空间建筑［M］．哈尔滨：哈尔滨工业大学出版社，2001．

[6] 陈志龙，王玉北．城市地下空间规划［M］．南京：东南大学出版社，2005．

[7] （美）吉迪恩·S. 格兰尼（Gideon S. Golany），（日）尾岛俊雄．城市地下空间设计［M］．许方，于海漪，译．北京：中国建筑工业出版社，2005．

[8] 童林旭．地下空间与城市现代化发展［M］．北京：中国建筑工业出版社，2005．

[9] 陈刚，李长栓，朱嘉广．北京市规划委员会，北京市人民防空办公室，北京市城市规划设计研究院．北京地下空间规划［M］．北京：清华大学出版社，2006．

[10] 朱建明，王树理，张忠苗．地下空间设计与实践［M］．北京：中国建材工业出版社，2007．

[11] 钱七虎，陈志龙，王玉北，等．地下空间科学开发与利用［M］．南京：江苏科学技术出版社，2007．

[12] 童林旭，祝文君．城市地下空间资源评估与开发利用规划［M］．北京：中国建筑工业出版社，2009．

[13] 邓少海，陈志龙，王玉北．城市地下空间法律政策与实践探索［M］．南京：东南大学出版社，2010．

[14] 陈小震．城市新区地下空间开发利用研究［M］．徐州：中国矿业大学出版社，2011．

[15] 陈志龙，刘宏．城市地下空间总体规划［M］．南京：东南大学出版社，2011．

[16] 仇文革．地下空间利用［M］．成都：西南交通大学出版社，2011．

[17] 魏秀玲．中国地下空间使用权法律问题研究［M］．厦门：厦门大学出版社，2011．

[18] 张季超，庞永师，许勇，等．城市地下空间开发建设的管理机制及运营保障制度研究［M］．北京：科学出版社，2011．

[19] 中国市政工程协会，武汉市城乡建设委员会，中国武汉工程设计产业联盟．2011中国城市地下空间开发高峰论坛论文集［M］．武汉：武汉理工大学出版社，2011．

[20] 代朋．城市地下空间开发利用与规划设计［M］．北京：中国水利水电出版社，2012．

[21] （日）小泉淳．地下空间开发及利用［M］．胡连荣，译．北京：中国建筑工业出版社，2012．

[22] 黄芝．上海地下空间工程设计［M］．北京：中国建筑工业出版社，2013．

[23] 曹平，王志伟．城市地下空间工程导论［M］．北京：中国水利水电出版社，2013．

[24] 顾新，于文悫，陈志龙．城市地下空间利用规划编制与管理［M］．南京：东南大学出版社，2014.01．

[25] 徐生钰．城市地下空间经济学［M］．北京：经济科学出版社，2014．

[26] 凤凰空间·华南编辑部．地下空间规划与设计［M］．南京：江苏科学技术出版社，2014．

[27] 朱合华．城市地下空间建设新技术［M］．北京：中国建筑工业出版社，2014．

[28] 夏永旭，叶飞，徐帮树．地下空间利用概论［M］．北京：人民交通出版社，2014.

[29] 刘勇，朱永全．地下空间工程［M］．北京：机械工业出版社，2014.

[30] 曹净，张庆．地下空间工程施工技术［M］．北京：中国水利水电出版社，2014.

[31] 戴慎志，赫磊．城市防灾与地下空间规划［M］．上海：同济大学出版社，2014.

[32] 季翔，田国华．城市地下空间建筑设计与节能技术［M］．北京：中国建筑工业出版社，2014.

[33] 中华人民共和国住房和城乡建设部．城市地下空间利用基本术语标准［M］．北京：中国建筑工业出版社，2015.

[34] 徐军祥，秦品瑞，徐秋晓，等．地下空间资源开发利用地质评价［M］．北京：地质出版社，2015.

[35] 陈志龙，刘宏．地下空间研究丛书：城市地下空间规划控制与引导［M］．南京：东南大学出版社，2015.

[36] 周炳宇，夏南凯，张雅丽．理想空间 No.68 城市地下空间规划与设计［M］．上海：同济大学出版社，2015.

[37] 谭卓英．地下空间规划与设计［M］．北京：科学出版社，2015.

[38] 朱建明，宋玉香．城市地下空间规划［M］．北京：中国水利水电出版社，2015.

[39] 陈志龙，张平，龚华栋．城市地下空间资源评估与需求预测［M］．南京：东南大学出版社，2015.

[40] 钱七虎．城市地下空间低碳化设计与评估［M］．上海：同济大学出版社，2015.

[41] 束昱，路姗，阮叶菁．城市地下空间规划与设计［M］．上海：同济大学出版社，2015.

[42] 陈志龙．中国城市地下空间发展白皮书 2014［M］．上海：同济大学出版社，2015.

[43] 束昱．城市地下空间环境艺术设计［M］．上海：同济大学出版社，2015.

[44] 金路，张瑞龙．城市地下空间建筑设计［M］．北京：中国计划出版社，2016.

[45] 李晓军．城市地下空间信息化技术指南［M］．上海：同济大学出版社，2016.

[46] 彭芳乐．深层地下空间开发利用技术指南［M］．上海：同济大学出版社，2016.

[47] 郭庆珠．城市地下空间规划法治研究：基于生态城市的面向［M］．北京：中国法制出版社，2016.

[48] 中国岩石力学与工程学会地下空间分会，中国人民解放军理工大学国防工程学院地下空间研究中心，南京慧龙城市规划设计有限公司．中国城市地下空间发展蓝皮书 2015［M］．上海：同济大学出版社，2016.

[49] 赵景伟，张晓玮．现代城市地下空间开发：需求、控制、规划与设计［M］．北京：清华大学出版社，2016.

[50] 王艳，王大伟．地下空间规划与设计［M］．北京：人民交通出版社股份有限公司，2017.

[51] 邹亮．地下空间资源评估与需求预测方法指南［M］．北京：中国建筑工业出版社，2017.

[52] 刘飞，李欢秋，高永红．城市地下空间人防工程设计施工技术［M］．武汉：武汉理工大学出版社，2017.

[53] 曾亚武，吴月秀．城市地下空间规划［M］．武汉：武汉大学出版社，2022.

[54] 姚华彦，刘建军．城市地下空间规划与设计［M］．北京：中国水利水电出版社，2018.

[55] 宋兴海．城市地下空间的开发与利用［M］．武汉：湖北科学技术出版社，2018.

[56] 倪丽萍，蒋欣，郭亨波．城市地下空间信息基础平台建设与管理［M］．上海：同济大学出版社，2018.

[57] 王晓睿．城市地下空间开发［M］．北京：人民交通出版社股份有限公司，2018.

[58] 南京慧龙城市规划设计有限公司，中国岩石力学与工程学会地下空间分会．中国城市地下空

间发展蓝皮书 [M]．上海：同济大学出版社，2018．

[59]　中华人民共和国住房和城乡建设部．城市地下空间规划标准 [M]．北京：中国计划出版社，2019．

[60]　耿永常．地下空间规划与建筑设计 [M]．哈尔滨：哈尔滨工程大学出版社，2019．

[61]　房辉．地下空间利用的单一与综合 [M]．长春：吉林大学出版社，2019．

[62]　汤宇卿．城市地下空间规划 [M]．北京：中国建筑工业出版社，2019．

[63]　李清．城市地下空间规划与建筑设计 [M]．北京：中国建筑工业出版社，2019．

[64]　郝春艳，褚智荣，孙惠颖．城市地下空间规划与设计研究 [M]．长春：吉林科学技术出版社，2022．

[65]　解智强，侯至群，翟振岗，等．城市地下空间规划开发承载力评价 [M]．北京：科学出版社，2022．

[66]　上海市城市规划设计研究院．地下空间规划编制规范 [M]．上海：同济大学出版社，2015．

[67]　美国地下空间中心．地下空间规划技术指南 [M]．杨运均，译．建工系统大专院校情报网，1984．

[68]　袁红，何媛，李迅，等．中日城市地下空间规划与管理体制比较研究 [J]．规划师，2020，36 (17)：90-98．

[69]　赵景伟，任雪凤．"城市地下空间规划理论"案例式教学研究 [J]．教育教学论坛，2020 (33)：12-15．

[70]　宋博文，王卫东，谭栋杰．城市 CBD 地下空间耦合规划方法探索 [J]．地下空间与工程学报，2020，16 (02)：319-324．

[71]　相彭程，孟原旭，臧喆．基于规划、管控、实施三重导向的地下空间开发利用规划实践与探索：以西咸新区为例 [J]．城市发展研究，2019，26 (S1)：32-41．

[72]　孟津竹，任大林，王军祥，等．工程课程思政教学改革探索：以《地下空间规划与设计》课程为例 [J]．教育现代化，2019，6 (27)：40-42＋47．

[73]　王江波，柴琳，苟爱萍．南京城市地下空间综合防灾规划研究 [J]．地下空间与工程学报，2019，15 (01)：9-16．

[74]　朱合华，骆晓，彭芳乐，等．我国城市地下空间规划发展战略研究 [J]．中国工程科学，2017，19 (06)：12-17．

[75]　张琳，束昱，路姗．城市历史文化街区地下空间开发利用的规划理论与关键技术研究 [J]．城市发展研究，2014，21 (07)：79-83．

[76]　王磊，由宗兴，张晓科，等．沈阳市地下空间控制性详细规划编制技术探讨 [J]．规划师，2014，30 (S1)：52-56．

[77]　宋平，陈彩燕，邱实．城市轨道交通地下空间旗舰型商业业态规划探析 [J]．商业时代，2014 (16)：19-20．

[78]　解国君．成都市域快铁站点片区地下空间规划研究 [D]．成都：西南交通大学，2014．

[79]　顾新．地下空间规划实施探索：深圳华强北的启示 [J]．地下空间与工程学报，2014，10 (S1)：1483-1487．

[80]　周觅．重庆地下空间控制性详细规划研究与实践 [J]．地下空间与工程学报，2014，10 (S1)：1499-1505．

[81]　王曦，刘松玉．城市地下空间的规划分类标准研究 [J]．现代城市研究，2014 (05)：43-49．

[82]　王剑锋，宋聚生．重庆地下空间利用现状及规划对策探析 [J]．现代城市研究，2014 (05)：50-56．

[83]　蔡庚洋．城市地下空间规划编制体系及内容探讨 [D]．西安：西安建筑科技大学，2014．

[84] 王曦，刘松玉，章定文．基于功能耦合理论的城市地下空间规划体系［J］．解放军理工大学学报（自然科学版），2014，15（03）：231-239.

[85] 邵继中．地下空间规划可持续性评价体系构建［J］．解放军理工大学学报（自然科学版），2014，15（03）：240-245.

[86] 马赟福．城市发展的现状与对策思考：地下空间有序、高效、合理的规划、利用［D］．兰州：兰州交通大学，2014.

[87] 刘健，魏永耀，高立，等．苏州城市规划区地下空间开发适宜性评价［J］．地质学刊，2014，38（01）：94-97.

[88] 袁红，赵万民，赵世晨．日本地下空间利用规划体系解析［J］．城市发展研究，2014，21（02）：112-118.

[89] 贺俏毅，蔡庚洋．中小城市地下空间开发利用规划实践：以浙江省绍兴县地下空间开发利用专项规划为例［J］．规划师，2014，30（01）：42-47.

[90] 黄平．大学校园综合交通规划研究新思路：以上海科技大学地下空间规划为例［J］．交通与运输（学术版），2013（02）：87-90.

[91] 陈珺．探寻地下与地上协同规划的城市空间拓展之路：借鉴新加坡经验规划建设北京地下空间［C］//．城市时代，协同规划：2013中国城市规划年会论文集（06-规划实施）．青岛：青岛出版社，2013：148-159.

[92] 张志媛，葛如冰．广州市城市规划地下空间设施的普查与测绘［J］．测绘通报，2013（S2）：176-179.

[93] 张荣，刘冬霞．城市人防地下空间规划与利用探析［J］．中华民居（下旬刊），2013（06）：44-45.

[94] 赵竹君．大栅栏历史文化保护区地下空间规划设计研究［D］．北京：清华大学，2013.

[95] 陈伟．控规阶段地下空间规划研究［D］．南京：南京工业大学，2013.

[96] 芦鑫．城市地下空间的规划设计研究［D］．保定：河北农业大学，2013.

[97] 赵毅，黄富民．城市地下空间开发利用规划编制与管理研究：以江苏省为例［J］．上海城市规划，2013（01）：89-92.

[98] 邵继中，王海丰．中国地下空间规划现状与趋势［J］．现代城市研究，2013，28（01）：87-93.

[99] 陈恒祥．城市地下空间开发利用规划研究［D］．济南：山东大学，2012.

[100] 王风，杨毅栋，吕剑．利用公园、绿地、操场等地下空间建设停车场（库）规划研究：以杭州市为例［C］//多元与包容：2012中国城市规划年会论文集（07.城市工程规划）．昆明：云南科技出版社，2012：311-322.

[101] 郑嘉轩，王超，孙银，等．城市地下空间规划关键性控制要素研究：以天津小白楼地区为例［J］．地下空间与工程学报，2012，8（05）：889-895.

[102] 刘志强，洪亘伟．城市绿地与地下空间复合开发的整合规划设计策略［J］．规划师，2012，28（07）：72-76.

[103] 李健行，魏文术．城市重点地区地下空间综合利用规划探讨：以广州宏城广场周边地区为例［J］．地下空间与工程学报，2012，8（03）：461-466.

[104] 朱迎红．杭州钱江经济开发区地下空间控制性详细规划研究［D］．杭州：浙江大学，2012.

[105] 刘熹熹，陈军．西安市城市地下空间规划利用探讨［J］．规划师，2011，27（S1）：15-19.

[106] 李巍，卢学伟．浅谈地下空间利用规划［J］．山西建筑，2011，37（30）：15-17.

[107] 赫磊，戴慎志，束昱．城市地下空间规划编制若干问题的探讨［J］．地下空间与工程学报，2011，7（05）：825-829＋835.

[108] 张铁军，廖正昕．城市重点地区地下空间控制性详细规划编制探讨：以北京商务中心区（CBD）地下空间规划为例［J］．北京规划建设，2011（05）：193-196．

[109] 张丽，鲁斌，夏凉．高压电缆线路与城市地下空间资源协调规划［J］．华东电力，2011，39（08）：1304-1307．

[110] 胡斌，向鑫，吕元，等．城市核心区地下空间规划研究的实践认知：北京通州新城核心区地下空间规划研究回顾［J］．地下空间与工程学报，2011，7（04）：642-648．

[111] 何一民，何永之．加强我国地下空间开发、规划及科学管理：生存空间危机下的选择［J］．西南民族大学学报（人文社会科学版），2011，32（08）：109-114．

[112] 陈阳．哈尔滨市城市地下空间开发利用规划探析［J］．规划师，2011，27（07）：48-52．

[113] 马金祥．城市地下空间规划与色彩应用研究：以中韩两国地下铁为例［J］．装饰，2011（06）：115-117．

[114] 周宏磊，叶大华，郝庆斌．城市地下空间规划中地质条件评估及案例实践［J］．北京规划建设，2011（03）：109-113．

[115] 梁晓辉．北京市大兴规划新城地下空间利用地质环境适宜性评价［D］．北京：中国地质大学，2011．

[116] 黄嘉玮．城市轨道交通沿线地下空间规划控制初探［J］．上海城市规划，2011（02）：68-73．

[117] 李明曦，李文．大连市地下空间现状与规划研究［J］．科技创新导报，2011（11）：37-38．

[118] 汪瑜鹏，尹杰．控制性详细规划层面下的地下空间规划编制初探：以武汉市武泰闸地区为例［J］．华中建筑，2011，29（04）：105-107．

[119] 方世忠，李震，李寅．土地集约利用背景下的地下空间开发："十二五"静安区地下空间开发与利用规划的初步研究［J］．上海国土资源，2011，32（01）：28-32．

[120] 蔡向民，何静，白凌燕，等．北京市地下空间资源开发利用规划的地质问题［J］．地下空间与工程学报，2010，6（06）：1105-1111．

[121] 徐新巧．城市更新地区地下空间资源开发利用规划与实践：以深圳市华强北片区为例［J］．城市规划学刊，2010（S1）：30-35．

[122] 姚文琪．城市中心区地下空间规划方法探讨：以深圳市宝安中心区为例［J］．城市规划学刊，2010（S1）：36-43．

[123] 姚建华．城市地下空间开发利用规划编制研究：以浙江省城市地下空间开发利用规划为例［J］．规划师论丛，2010（00）：58-62．

[124] 柳昆，李佳川，余郭平，等．面向低碳型城市商务区的地下空间规划理念［J］．地下空间与工程学报，2010，6（S1）：1376-1379＋1384．

[125] 魏记承．城市地下空间规划与设计［J］．科协论坛（下半月），2010（07）：95．

[126] 张海霞，张建嵩．广州市地下空间规划管理问题研究［J］．城市公共交通，2010（07）：51-53．

[127] 许圣泽．城市地下空间开发利用规划研究［D］．青岛：青岛理工大学，2010．

[128] 黄昊．天津文化中心地下空间规划与设计［J］．建筑学报，2010（04）：48-49．

[129] 缪宇宁．上海虹桥综合交通枢纽地区地下空间规划［J］．地下空间与工程学报，2010，6（02）：243-249．

[130] 朱晓敏，龚文辉．人防工程规划在地下空间发展利用中的角色探讨［J］．科技风，2010（04）：135．

[131] 郝珺．城市轨道交通地下车站与地下空间统一规划模式的探讨［J］．城市轨道交通研究，2010，13（02）：9-13．

[132] 王海阔，陈志龙．城市地下空间规划的社会调查方法研究［J］．地下空间与工程学报，

2009，5（06）：1067-1070＋1091.

[133]　毕晓莉，陈谦．兰州城市地下空间规划利用初探：基于城关中心区地下空间的调研 [J]．华中建筑，2009，27（10）：63-66.

[134]　谢英挺．地下空间总体规划初探：以厦门为例 [J]．地下空间与工程学报，2009，5（05）：849-855＋883.

[135]　于一丁，黄宁，万昆．城市重点地区地下空间规划编制方法探讨：以武汉市航空路武展地区为例 [J]．城市规划学刊，2009（05）：83-89.

[136]　束昱，赫磊，路姗，等．城市轨道交通综合体地下空间规划理论研究 [J]．时代建筑，2009（05）：22-26.

[137]　何世茂，徐敏．走向有序的地下空间开发利用：法规、规划、管理三位一体的体系建设 [J]．现代城市研究，2009，24（08）：19-23.

[138]　陈志龙，柯佳，郭东军．城市道路地下空间竖向规划探析 [J]．地下空间与工程学报，2009，5（03）：425-428＋593.

[139]　丛威青，潘懋，庄莉莉．3D GIS 在城市地下空间规划中的应用 [J]．岩土工程学报，2009，31（05）：789-792.

[140]　李炳帆．城市中心区地铁枢纽型地下空间规划研究 [D]．成都：西南交通大学，2009.

[141]　孔键．城市地下空间内部防灾问题的设计对策：介绍浙江杭州钱江世纪城核心区规划的地下防灾设计 [J]．上海城市规划，2009（02）：42-46.

[142]　王鹏飞．西安旧城中心区地下空间利用规划研究 [D]．西安：西安建筑科技大学，2009.

[143]　安文娴，李楠．我国城市地下空间规划初探 [J]．山西建筑，2009，35（09）：30-31.

[144]　金美兰．浅谈城市地下空间利用规划 [J]．科技创新导报，2009（05）：54.

[145]　丛威青，潘懋，庄莉莉．三维 GIS 技术在城市地下空间规划中的应用分析 [J]．工程勘察，2008（S1）：289-294.

[146]　朱建明，杨眉．地下空间规划中几个基本问题的分析 [J]．现代隧道技术，2008，45（S1）：99-103.

[147]　张安锋．上海市地下空间近期规划 [J]．上海建设科技，2008（03）：9-11.

[148]　杨文武，吴浩然，刘正光．论香港地下空间开发的规划、立法与发展经验 [J]．隧道建设，2008（03）：294-297.

[149]　李旭兰．天津响螺湾商务区地下空间规划研究 [D]．天津：天津大学，2008.

[150]　付磊．城市地下空间规划指标体系研究 [D]．成都：西南交通大学，2008.

[151]　刘叶．西安城市地下空间开发利用规划研究 [D]．西安：西安建筑科技大学，2008.

[152]　李传斌，潘丽珍，马培娟．城市地下空间开发利用规划编制方法的探索：以青岛为例[J]．现代城市研究，2008（03）：19-29.

[153]　张弛，姜芸．成都市地下空间开发规划评价研究 [J]．四川建筑，2008（01）：24-26＋29.

[154]　PARKER H W，所萌．切实可行和富于远见的地下空间规划 [J]．国际城市规划，2007（06）：1-6.

[155]　STERLING R L，孙志涛．城市地下空间利用规划：进退两难 [J]．国际城市规划，2007（06）：7-10.

[156]　ZACHARIAS J，汤芳菲．地下空间规划的决策支持系统 [J]．国际城市规划，2007（06）：11-15.

[157]　BESNER J，张播．总体规划或是一种控制方法：蒙特利尔城市地下空间开发案例 [J]．国际城市规划，2007（06）：16-20.

[158]　束昱，柳昆，张美靓．我国城市地下空间规划的理论研究与编制实践 [J]．规划师，2007

（10）：5-8.

[159]　谭瑛，杨俊宴，黄黎敏，等．土地集约利用背景下的城市地下空间开发：以济南地下空间规划研究为例［J］．规划师，2007（10）：14-18.

[160]　孙卫无．城市地下空间规划综述［J］．建材与装饰（下旬刊），2007（09）：30-32.

[161]　李鹏．面向生态城市的地下空间规划与设计研究及实践［D］．上海：同济大学，2008.

[162]　朱健．珠江新城地下空间交通规划研究［J］．国外建材科技，2007（03）：155-156.

[163]　乔怡青．住区地下空间规划模式研究［D］．西安：长安大学，2007.

[164]　张弛．成都市地下空间开发与规划研究［D］．成都：西南交通大学，2007.

[165]　张芝霞．城市地下空间开发控制性详细规划研究［D］．杭州：浙江大学，2007.

[166]　潘丽珍，李传斌，祝文君．青岛市城市地下空间开发利用规划研究［J］．地下空间与工程学报，2006（S1）：1093-1099.

[167]　陆元晶，张文珺，王正鹏．城市地下空间规划若干问题探讨：以常州市为例［J］．地下空间与工程学报，2006（S1）：1105-1110.

[168]　童林旭．论城市地下空间规划指标体系［J］．地下空间与工程学报，2006（S1）：1111-1115.

[169]　陈志龙．浅谈城市地下空间规划的前瞻性和可操作性［J］．地下空间与工程学报，2006（S1）：1116-1120.

[170]　彭瑶玲，张强，于林金．地下空间开发利用规划控制的探索［J］．地下空间与工程学报，2006（S1）：1121-1124.

[171]　束昱，彭芳乐，王璇，等．中国城市地下空间规划的研究与实践［J］．地下空间与工程学报，2006（S1）：1125-1129.

[172]　蔡夏妮，陈志龙，吴涛，等．城市地下空间控制性详细规划初探［J］．地下空间与工程学报，2006（S1）：1138-1142.

[173]　杨佩英，段旺．以商业为主导的地下空间综合规划设计探析［J］．地下空间与工程学报，2006（S1）：1147-1153.

[174]　何世茂．浅议地下空间开发利用规划主要框架及内容：基于南京城市地下空间开发利用总体规划的认识［J］．地下空间与工程学报，2006（S1）：1164-1166＋1170.

[175]　程明华，李沁．城市人防地下空间规划与利用探析［J］．地下空间与工程学报，2006（S1）：1248-1251.

[176]　汤志平．上海市地下空间规划管理的探索和实践［J］．民防苑，2006（S1）：15-18.

[177]　陈志龙，蔡夏妮．基于规划控制过程的城市地下空间开发控制与引导［J］．民防苑，2006（S1）：52-55.

[178]　李迅．关于城市地下空间规划的若干问题探讨［J］．民防苑，2006（S1）：61-67.

[179]　徐国强，郑盛．控制性详细规划中有关地下空间部分的控制内容和表达方法［J］．民防苑，2006（S1）：77-79.

[180]　郑联盟．试论加强城市地下空间的规划管理［J］．民防苑，2006（S1）：125-126.

[181]　蒋蓉，陈乃志．地铁地下空间的功能与可开发商业空间研究：以成都地铁1号线南段地下空间开发规划为例［J］．四川建筑，2006（06）：11-12＋16.

[182]　王磊．成都市南部新区起步区核心区地下空间综合规划实例研究：结合城市设计方案［J］．规划师，2006（11）：39-42.

[183]　李春，束昱．城市地下空间竖向规划的理论与方法研究［C］//中国土木工程学会，中国土木工程学会隧道及地下工程分会．中国土木工程学会第十二届年会暨隧道及地下工程分会第十四届年会论文集．中铁西南科学研究院有限公司，2006：5.

[184] 茹文，陈红，徐良英．钱江新城核心区地下空间规划的编制与思考：浅谈我国城市地下空间开发利用 [J]．地下空间与工程学报，2006（05）：712-717．

[185] 薛华培．论城市地下空间开发利用的综合规划 [J]．常州工学院学报，2006（05）：16-20．

[186] 汤宇卿，周炳宇．我国大城市中心区地下空间规划控制：以青岛市黄岛中心商务区为例[J]．城市规划学刊，2006（05）：89-94．

[187] 北京中心城中心地区地下空间开发利用规划（2004～2020 年）[J]．北京规划建设，2006（05）：162-163．

[188] 缪宇宁，俞明健．生态世博地下城：中国 2010 年上海世博会园区地下空间规划研究 [J]．规划师，2006（07）：57-59．

[189] 郑苦苦，毛建华，伏海艳，等．莲花路商业旅游步行街区地下空间规划探讨 [J]．地下空间与工程学报，2006（02）：203-207．

[190] 赵建彬，彭建勋．论城市地下空间规划与发展 [J]．山西建筑，2005（21）：13-15．

[191] 付玲玲．城市中心区地下空间规划与设计研究 [D]．南京：东南大学，2005．

[192] 顾新．在"规划控制"与"市场运作"的博弈中走向成熟：深圳市地下空间利用立法与管理实践探析 [J]．现代城市研究，2005（06）：17-22．

[193] 陈伟．上海城市地下空间总体规划编制的前期研究与建议 [J]．现代城市研究，2005（06）：26-28．

[194] 董丕灵．静安寺地区地下空间的实施性规划 [J]．上海建设科技，2005（03）：18-21．

[195] 陈宏刚．钱江新城核心区地下空间规划管理研究 [D]．杭州：浙江大学，2005．

[196] 薛华培．芬兰土地利用规划中的地下空间 [J]．国外城市规划，2005（01）：49-55．

[197] 侯学渊，柳昆．现代城市地下空间规划理论与运用 [J]．地下空间与工程学报，2005（01）：7-10．

[198] 王海阔，陈志龙．地下空间开发利用与城市空间规划模式探讨 [J]．地下空间与工程学报，2005（01）：50-53．

[199] 叶少帅，刘巍，成虎．地下空间的维护和运营管理：兼评南京市新街口地下商城运营规划 [J]．地下空间，2004（04）：526-529＋567．

[200] 李迅．重视城市地下空间规划研究 [J]．建设科技，2004（17）：36-37．

[201] 陈志龙，姜韡．运用博弈论分析城市地下空间规划中的若干问题 [J]．地下空间，2003（04）：431-434＋457-458．

[202] 汤桦．城市地下空间规划中应处理好的几个关系 [J]．地下空间，2003（04）：435-436＋443-458．

[203] 郭东军，陈志龙，杨延军．城市地下空间规划中人防专业队工程布局探讨 [J]．岩石力学与工程学报，2003（S1）：2532-2535．

[204] 陈志龙，杨延军，杨红禹．杭州市钱江新城市核心区地下空间概念规划 [J]．城市规划，2003（10）：89-91．

[205] 李葱葱．城市地下空间利用规划初探：以重庆城市为例 [D]．重庆：重庆大学，2003．

[206] 刘学山．广州市城市地下空间的规划设想 [J]．广州建筑，2003（01）：30-33．

[207] 朱立峰．城市地下空间利用规划管理研究 [D]．武汉：华中农业大学，2002．

[208] 马景月．城市地下空间与开发利用规划 [J]．地下空间，2002（03）：200-204＋208-281．

[209] 李文翎，阎小培．基于轨道交通网的地下空间开发规划探析：以广州市为例 [J]．城市规划汇刊，2002（05）：61-64＋80．

[210] 徐永健，阎小培．城市地下空间利用的成功实例：加拿大蒙特利尔市地下城的规划与建设 [J]．城市问题，2000（06）：56-58．

[211]　陈立道，侯学渊．城市风景旅游区的地下空间规划原理［J］．地下空间，1999（02）：131-135.

[212]　李振芳．谈城市地下空间利用规划［J］．地下空间，1998（S1）：274-277＋288-448.

[213]　李振芳．关于地下空间规划结构体系和指标体系的研究［J］．地下空间，1998（S1）：278-283＋448.

[214]　王旭军，王胜利．论城市地下空间规划［J］．地下空间，1998（02）：84-88＋127.

[215]　束昱，吴景德，王璇，等．青岛市地下空间规划编制的实践［J］．地下空间，1998（02）：104-110＋128.

[216]　杨林德．城市地下空间规划与工程设计对策［J］．地下空间，1997（02）：83-88＋126＋126.